普通高等教育"十二五"重点规划教材 计算机基础教育系列

Visual FoxPro 数据库应用技术

李丽萍 安晓飞 陈志国 主编

科学出版社

北 京

内 容 简 介

本书根据教育部考试中心《全国计算机等级考试二级 Visual FoxPro 数据库程序设计考试大纲》要求编写，以数据库应用系统开发知识为主线，介绍了数据库的操作和可视化程序设计方法。全书包括 10 章和一个附录，主要内容包括 Visual FoxPro 6.0 系统概述、数据与数据运算、数据库与数据表、SQL 关系数据库查询语言、查询与视图、表单设计与应用、程序设计基础、菜单设计与应用、报表设计与应用、应用系统开发实例，附录中给出了全国计算机等级考试二级 Visual FoxPro 数据库程序设计最新考试大纲。为方便读者上机练习和考试需要，同时编写了本书的配套教材《Visual FoxPro 数据库应用技术实验与题解》（安晓飞等主编，科学出版社），配套教材分为实验篇和考试篇两部分。

本书可作为高等学校非计算机专业 Visual FoxPro 程序设计语言课程的教材，也可作为全国计算机等级考试二级 Visual FoxPro 的辅导教材。

图书在版编目（CIP）数据

Visual FoxPro 数据库应用技术/李丽萍，安晓飞，陈志国主编. —北京：科学出版社，2012

ISBN 978-7-03-033338-4

Ⅰ. ①V… Ⅱ. ①李… ②安… ③陈… Ⅲ. ①关系数据库—数据库管理系统，Visual FoxPro—高等学校—教材 Ⅳ. ①TP311.138

中国版本图书馆 CIP 数据核字（2012）第 004988 号

责任编辑：陈晓萍 宋 丽／责任校对：耿 耘
责任印制：吕春珉／封面设计：东方人华平面设计部

科 学 出 版 社 出版
北京东黄城根北街 16 号
邮政编码：100717
http://www.sciencep.com

双 青 印 刷 厂 印刷
科学出版社发行 各地新华书店经销
＊

2012 年 2 月第 一 版 开本：787×1092 1/16
2012 年 2 月第一次印刷 印张：16 1/4
字数：365 000

定价：28.00 元
（如有印装质量问题，我社负责调换〈双青〉）

销售部电话 010-62142126 编辑部电话 010-62134021

本书编写人员

主　编　　李丽萍　安晓飞　陈志国

副主编　　陆　竞　张　博　王晓艳

参　编　　李志刚　刘心声　丁　茜　司雨昌

　　　　　赵志刚　杨婷婷　黄海玉

前　言

Visual FoxPro 6.0 关系数据库系统是新一代小型数据库管理系统的杰出代表,因其具有操作界面友好、功能强大、辅助开发工具丰富、语言简练、简单易学、兼容性完备、便于快速开发应用系统等特点,深受广大用户的欢迎。Visual FoxPro 6.0 采用可视化、面向对象的程序设计方法,大大简化了应用系统的开发过程。

2007 年,我们结合教学实践和数据库应用系统开发经验,编写了本书的初稿。四年来,得到许多使用者的厚爱。根据教育部高等学校非计算机专业计算机基础课程教学指导委员会最新提出的《关于进一步加强高等学校计算机基础教学的意见》中有关"大学计算机程序设计"类课程的教学要求,兼顾教育部考试中心制定的全国计算机等级考试二级 Visual FoxPro 考试大纲,综合广大读者的反馈信息,对原稿从以下几个方面进行了修订。

(1) 将项目管理器的使用调整到应用系统开发实例中介绍,重点介绍使用菜单方式操作数据库、数据表、表单、菜单、报表等,简单介绍命令操作方式,删减了部分不常用的命令。

(2) 调整了自由表和数据库表的顺序,重点介绍数据库表的操作及应用,删减了排序与索引小节部分内容。

(3) 关系数据库查询语言是本书的重点和难点,进一步调整了体系结构和内容,增加了大量实例。

(4) 调整了程序和表单的顺序,先介绍表单设计与应用,然后介绍程序设计基础。表单设计与应用部分丰富了实例,增加了关于类控件的内容。程序设计基础部分降低了程序难度、删减了部分例题,增加了和表单结合的例子。

(5) 应用系统开发实例以学生熟悉的选课管理系统为例,降低了程序设计的工作量,使学生能够设计并实现该系统。

本书知识体系结构合理,内容深度适宜,实例丰富,突出应用,注重学生实践能力的培养。考虑到高校学生参加全国计算机等级考试的需要,本书内容覆盖了全国计算机等级考试大纲二级 Visual FoxPro 数据库程序设计规定的全部内容。全书包括 10 章和一个附录,主要内容包括 Visual FoxPro 6.0 系统概述、数据与数据运算、数据库与数据表、SQL 关系数据库查询语言、查询与视图、表单设计与应用、程序设计基础、菜单设计与应用、报表设计与应用、应用系统开发实例等,第 10 章的应用系统开发实例可使读者更加详细了解应用系统开发的一般步骤、基本方法和具体过程,帮助读者快速掌握应用系统开发的基本技能。附录中给出了全国计算机等级考试二级 Visual FoxPro 数据库程序设计最新考试大纲。

为方便读者上机练习和备考需要,同时编写了本书的配套教材《Visual FoxPro 数据库应用技术实验与题解》(安晓飞等主编,科学出版社),配套教材分为实验篇和考试篇两部分。

本书可作为高等学校非计算机专业 Visual FoxPro 程序设计语言课程的教材,也可作为全国计算机等级考试二级 Visual FoxPro 的辅导教材。

　　本书由李丽萍、安晓飞、陈志国任主编，负责整体结构设计及统稿，陆竞、张博、王晓艳、李志刚、刘心声、丁茜、司雨昌、赵志刚、杨婷婷、黄海玉参与了本书的编写。

　　为方便教师教学和学生学习，本书提供配套的多媒体电子课件和所有案例的相关素材，如有需要，请与作者（anxiaofei2008@126.com）或科学出版社（www.abook.cn）联系。

　　由于编者水平有限，经验不够丰富，书中难免有错误和不足之处，敬请广大读者批评指正。

编　者
2011 年 12 月

目　　录

第 1 章　Visual FoxPro 6.0 系统概述

学习目标

- 掌握数据库系统的有关概念。
- 掌握关系模型的基本概念和运算。
- 掌握 Visual FoxPro 的开发环境。
- 了解 Visual FoxPro 的向导、生成器和设计器。
- 了解 Visual FoxPro 的常用文件类型。

数据库技术是 20 世纪 60 年代末兴起的一种数据管理方法，是一门研究数据管理的技术，主要研究如何存储、使用和管理数据。随着信息技术的发展，数据库技术在各个领域得到广泛应用。Visual FoxPro 关系数据库管理系统是小型关系数据库管理系统的杰出代表，它采用可视化、面向对象的程序设计方法，大大简化了应用系统的开发过程。

本章主要介绍数据库系统的基本概念、关系模型、关系运算和 Visual FoxPro 的开发环境。

1.1　数据库系统的基本概念

数据库系统是计算机数据管理技术发展的一个重要阶段，它可以实现数据的有效管理和高效存取。数据库系统的主要特点是实现了数据的共享，减少数据冗余，同时保证了数据和应用程序的独立性，大大减少了应用程序的开发和维护代价。

1. 数据库

数据库（Database，DB）是数据的集合，具体指按照一定的结构模型，组织、存储在一起、能为多个用户共享的、与应用程序相对独立的、存储在计算机存储设备上的相关的数据集合。数据的结构模型建立起了数据之间的联系。数据的结构模型有层次模型、网状模型和关系模型三种。

2. 数据库管理系统

数据库管理系统（Database Management System，DBMS）是用于管理数据库的计算机系统软件，负责数据库的数据组织、数据操纵、数据维护和数据服务等。数据库管理系统是数据库系统的核心，在操作系统的支持下，用户建立、使用、维护、管理和控制数据库都要通过数据库管理系统进行。Visual FoxPro、Oracle、SQL Server 等都是常用的数据库管理系统。

3. 数据库系统

数据库系统（Database System，DBS）是以数据库管理系统为核心的完整的运行实体，由数据库、数据库管理系统、数据库管理员、硬件平台和软件平台等构成。其中，硬件平台包括计算机和网络；软件平台包括操作系统、系统开发工具以及接口软件等。

4. 数据库应用系统

数据库应用系统（Database Application System，DBAS）是在数据库系统基础上进行应用开发而形成的一个应用系统。它由数据库系统、应用软件和应用界面组成。其中，应用软件是由数据库管理系统和系统开发工具开发生成的，应用界面是由可视化工具开发生成的。

1.2　关系数据库

1.2.1　关系模型

关系模型是以二维表的形式表示实体及实体间联系的数据模型。二维表简称为表，一个二维表就是一个关系，一个关系的逻辑结构就是一张二维表。表 1-1 是用关系模型表示的学生表。

表 1-1　学生表

学号	姓名	性别	民族	出生日期	专业	入学成绩
11010001	王欣	女	汉	1992-10-11	外语	525
11010002	张美芳	女	苗	1993-7-1	外语	510
11010003	杨永丰	男	汉	1991-12-15	外语	508
……	……	……	……	……	……	……

1.2.2　关系模型的相关概念

1. 属性

在二维表中，每一列称为一个属性，如表 1-1 中的学号、姓名、性别、民族等。在 Visual FoxPro 系统的数据表中，属性对应为字段。

2. 元组

在二维表中，数据按行组织，每一行称为一个元组。表 1-1 中包含了三个元组。在 Visual FoxPro 系统的数据表中，元组对应为记录。

3. 域

在二维表中，每个属性的取值范围是有限定或要求的，属性的取值范围称为域。例如，表 1-1 中的性别只能是"男"或者是"女"。因此，性别属性的域就是集合{"男",

"女"}。相似地，专业属性的域也应该是符合具体实际情况的专业名称的集合。

4. 键

在关系表中能唯一标识元组的最小属性集称为键（Key），也可称为码或关键字。

5. 主键

在关系表中可以有多个键，用户选取使用的键为主键，也可称为主关键字。表 1-1 中的学号就是学生表的主键。

1.2.3　关系运算

1. 投影

投影（Projection）运算是一种纵向的操作，即从列的角度进行运算，它可以根据用户的要求从关系中选取若干个属性（字段）组成一个新的关系。新关系所包含的属性的个数往往比原来的关系少，或者属性的排列顺序不同。投影运算可以改变关系的结构。

例如，对"学生"关系中的"专业"属性进行投影运算，得到无重复元组的新关系"学生 1"，如图 1-1 所示。

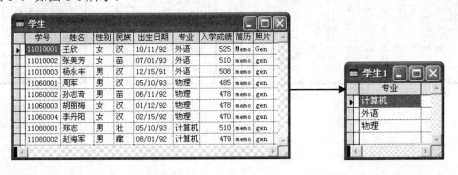

图 1-1　投影运算示意图

2. 选择

选择（Selection）运算是一种横向的操作，即从行的角度进行运算，它可以根据用户的要求从关系中筛选出满足一定条件的元组（记录）。选择运算可以改变关系表中元组的个数，但不影响关系的结构。

例如，在"学生"关系中选择出"性别"为"男"的学生，得到新的关系"学生 2"，如图 1-2 所示。

3. 联接

联接（Join）运算是两个关系的横向结合操作，它可以根据用户的要求将两个关系拼接成满足联接条件的新关系。

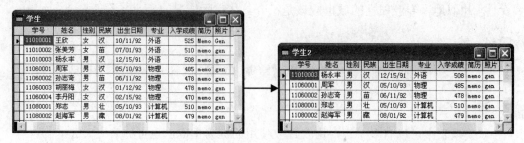

"学生"关系　　　　　　　　　　　　　　　选择运算后得到的新关系"学生 2"

图 1-2　选择运算示意图

　　例如，设有"学生"和"选课"两个关系，查询学生的学号、姓名、课程号和成绩
信息。其中，学号、姓名是关系"学生"的属性，课程号、成绩是关系"选课"的属性，
所以要把两个关系联接起来，联接条件是两个关系中相等的学号，得到新的关系"学生
3"，如图 1-3 所示。

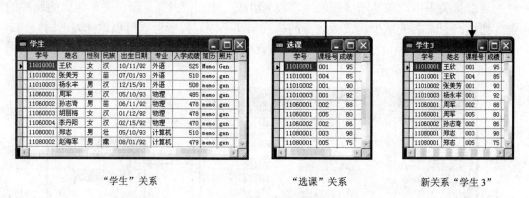

"学生"关系　　　　　　　　　　　"选课"关系　　　　　　　　　新关系"学生 3"

图 1-3　联接运算示意图

1.3　Visual FoxPro 系统的特点

　　Visual FoxPro 是用于数据库管理的软件，它具有向导设计、生成器以及控件等多种
可视化工具，支持面向对象的程序设计方法，增强了面向 Internet 的技术和功能。它支
持与其他应用程序共享数据、交换数据，支持与大多数后台数据库的客户机/服务器应用
程序的连接。它的主要特点如下。

1. 良好的用户界面

　　Visual FoxPro 系统利用了 Windows 平台下的图形用户界面的优势，借助系统提供的
菜单、窗口界面，通过菜单、工具或命令方式，可在系统窗口或"命令"窗口完成对数
据管理等各种操作。

2. 数据库的操作更加方便

　　在 Visual FoxPro 系统中，所有的数据都是以表的形式出现，系统可以创建多种类型

的表，如数据库表或自由表；可定义各个表之间的关系，使建立的表更加符合数据库的实际应用；可利用"数据库容器"将相对独立的数据表、查询、视图等有机地封装在一起，允许多个用户在同一个数据库中同时创建或修改对象。

3. 强大的查询与管理功能

Visual FoxPro 的系统命令和语言强大，拥有近 500 条命令、200 余条函数；提供了标准的数据库语言——结构化查询语言（SQL 语言）；允许用户通过语言或可视化设计工具来操作数据库，可有效地访问索引文件中的数据，快速精确地从大批量的记录中检索数据，极大地提高了数据查询的效率。

4. 支持面向对象的程序设计

Visual FoxPro 不仅支持传统的面向过程式程序设计，还支持面向对象的可视化程序设计，借助 Visual FoxPro 的对象模型，可以充分使用面向对象程序设计的所有功能，包括类、继承、封装、多态和子类等，真正实现了面向对象程序设计的能力。

5. 开发与维护更加方便

Visual FoxPro 系统提供了向导、生成器、设计器等多种界面的操作工具，这些工具为数据的管理和程序设计提供了灵活简便的手段。利用"向导"，可以一步步地引导用户快速建立一个数据表、查询或表单；利用"生成器"，用户不用编写代码，就可在程序中加入特定功能的控件和修改控件的属性；利用"设计器"，用户可以快速设计一个表、表单、报表等构件，帮助用户以简单方式快速完成各种操作；可以借助"项目管理器"创建和集中管理应用程序中的任何元素，对项目及数据实行更强的控制。

6. 集成开发实现了数据共享

Visual FoxPro 提供了一个集成式开发环境，通过 OLE（对象链接与嵌入）技术，可将 Visual FoxPro 与包括 Word 和 Excel 在内的其他微软的应用软件实现应用的集成。在 Visual FoxPro 环境下，用户可在窗体或表单中链接其他软件中的对象，可对其进行直接编辑；可将来自于其他应用程序的数据源导入 Visual FoxPro 的表中，也可将 Visual FoxPro 表的数据以一定文件格式导出到其他应用程序中，实现数据共享。

7. 支持网络应用

Visual FoxPro 支持 Internet 技术和 WWW 数据库的设计，可以很容易地创建与 Internet 一起使用的应用程序。新引入的网格图像文件格式 GIF 和 JPEG 可进一步增强应用程序界面的吸引力。

1.4　Visual FoxPro 的启动与退出

1.4.1　Visual FoxPro 的启动

启动 Visual FoxPro 有多种方法，通常采用以下三种方式。

（1）从"开始"菜单启动。选择"开始"菜单→"程序"→"Microsoft Visual FoxPro 6.0"→"Microsoft Visual FoxPro 6.0"，进入 Visual FoxPro 系统。

（2）双击桌面上的 Visual FoxPro 图标。建议常用 Visual FoxPro 的用户在 Windows 桌面上建立其快捷方式。

（3）双击与 Visual FoxPro 关联的文件。打开"我的电脑"，找到 Visual FoxPro 创建的用户文件，如表文件、项目文件、表单文件等，双击这些文件都能启动 Visual FoxPro 系统，同时打开这些文件。

第一次启动 Visual FoxPro 时，屏幕上会弹出欢迎窗口，如图 1-4 所示。在欢迎窗口中可以根据需要选择具体的功能项目，也可以选择"关闭此屏"项目或直接关闭此窗口，进入 Visual FoxPro 的系统主界面。如果不想在以后的启动过程中出现欢迎窗口，则可将"以后不再显示此屏"项目的复选框选中。

图 1-4　Visual FoxPro 的欢迎窗口

1.4.2　Visual FoxPro 的退出

退出 Visual FoxPro 系统经常使用以下几种方法。

（1）选择"文件"→"退出"命令。

（2）在系统主界面窗口中单击"关闭"按钮。

（3）在"命令"窗口中输入 QUIT 命令，并按 <Enter> 键。

（4）按 <Alt+F4> 组合键。

1.5　Visual FoxPro 的用户界面

Visual FoxPro 启动后，打开主界面窗口，如图 1-5 所示。主界面窗口包括标题栏、菜单栏、"常用"工具栏、状态栏、"命令"窗口和主窗口工作区几个组成部分。

1. 标题栏

标题栏包含系统程序图标、主界面标题"Microsoft Visual FoxPro"、最小化按钮、最大化按钮和关闭按钮。

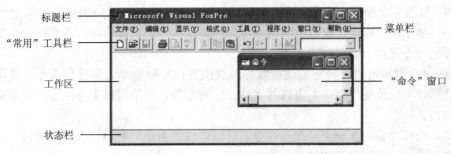

图 1-5　Visual FoxPro 的主窗口

2．菜单栏

Visual FoxPro 的菜单栏包含文件、编辑、显示、格式、工具、程序、窗口和帮助八个菜单选项。菜单项随窗口操作内容不同而有所增加或减少。

3．工具栏

Visual FoxPro 提供了 11 种工具栏，默认情况下只显示"常用"工具栏，其他 10 种工具栏在进行相应的设计时会自行显示出来，也可以根据需要激活或关闭一个工具栏，方法如下：

（1）选择"显示"→"工具栏"命令，弹出如图 1-6 所示"工具栏"对话框，重复单击某工具栏名称，其左端标识为"⊠"，表示被激活；其左端标识为空白框，表示被关闭。

（2）右击任何一个工具栏的空白处，弹出如图 1-7 所示的"工具栏"快捷菜单，单击某工具栏名称，其左端出现"√"表示被激活，其左端没有标识表示被关闭。

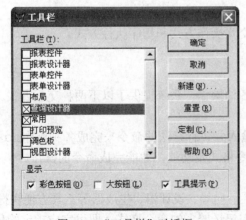

图 1-6　"工具栏"对话框

图 1-7　"工具栏"快捷菜单

4．"命令"窗口

"命令"窗口是 Visual FoxPro 系统命令编辑、执行的窗口，当用户在"命令"窗口中键入正确的命令并按<Enter>键之后，系统会执行该命令。另外，在用户采用菜单方式操作时，每当某个操作完成后，系统也会自动把与该菜单操作对应的命令显示在"命令"窗口中。显示在"命令"窗口中的命令可以被再次执行，只需将插入点光标置于需要再次执行的命令之中，并按<Enter>键即可。

"命令"窗口可通过鼠标拖动标题栏改变位置，鼠标拖动边框改变大小。使用"格式"菜单，可以改变"命令"窗口的字体、行间距等。通常用以下方法显示或隐藏"命令"窗口。

（1）选择"窗口"→"隐藏"命令，可以隐藏"命令"窗口。选择"窗口"→"命令窗口"命令，可以打开"命令"窗口。

（2）单击"常用"工具栏中的"命令窗口"按钮▦，显示或隐藏"命令"窗口。

5. 工作区

工作区用来显示命令或程序的执行结果。在"命令"窗口输入命令并按<Enter>键后，命令的执行结果立即在工作区窗口显示。在"命令"窗口中执行 CLEAR 命令可以清除工作区显示的内容。

6. 状态栏

状态栏位于窗口的最底部，用于显示某一时刻的工作状态。可以显示当前工作区中表文件的名称、表所属数据库的名称、表中当前记录的记录号、表中的记录总数、表中当前记录的共享状态等内容。

1.6   Visual FoxPro 的工作方式和命令规则

1.6.1 Visual FoxPro 的工作方式

Visual FoxPro 支持两种工作方式：交互操作方式和程序执行方式。

1. 交互操作方式

交互操作方式通过人机对话来执行各种操作。系统提供了以下两种交互方式。

1）命令方式

命令方式是通过在"命令"窗口中输入并执行合法的命令来完成各种操作。这种操作要求用户要熟悉 Visual FoxPro 系统命令格式及功能，才能完成命令的操作。

2）可视化操作方式

可视化操作方式是利用菜单、工具栏、向导、设计器、生成器等工具方便快捷地完成各种操作。利用可视化操作，用户无需记忆繁多的命令格式，即可完成指定的任务。

交互式方式的优点是简单、不需要编程、运行结果清晰直观，但是这种方式不宜解决复杂的数据处理问题。

2. 程序执行方式

程序执行方式是将能够完成一定任务的命令组织在一起，保存到扩展名为.PRG 的程序文件中，然后通过命令执行该程序文件，完成指定的任务。这种方式不仅运行效率高，而且可重复执行。对于用户而言，只要了解程序的运行步骤和运行过程中的人机交互要求，就可以使用程序。

1.6.2　Visual FoxPro 的命令规则

命令方式是 Visual FoxPro 中常用的工作方式，Visual FoxPro 中的命令都有固定的格式，必须按相应的格式和语法规则书写和使用，否则系统无法识别和执行。

1. Visual FoxPro 命令的基本格式

<命令动词> [<范围子句>] [<条件子句>] [<字段名表子句>]

1）命令格式中语法标识符的意义和用法

（1）<>：必选项，表示命令中必须选择该项，不可省略。

（2）[ ]：可选项，表示可根据实际需要选用或省略该项内容。

（3）|：任选项，表示根据实际需要任选且必选其中一项内容。

> **注　意**
>
> 以上符号表示各选项在语句中的地位。在输入命令时，不能包含上述这些语法标识符。

2）命令动词

命令动词一般是要执行操作所对应的英文单词，是一条命令中必不可少的部分。一条命令必须以命令动词开头，当此命令动词超过四个字母时，在使用时可以只写前四个字母，系统会自动识别。

3）范围子句

范围子句用于限定命令操作的记录范围。范围子句包括如下四种选择范围。

（1）ALL：对当前表中所有记录操作。

（2）RECORD <n>：仅对当前表中记录号为 n 的记录操作。

（3）NEXT <n>：对当前表中从当前记录开始的连续 n 条记录操作。

（4）REST：对当前表中从当前记录开始到表尾的所有记录操作。

一般情况下，如无特殊说明则默认 ALL 为操作范围，但也有一些命令例外。

4）条件子句

条件子句的作用是以指定的逻辑条件为依据，从表中选择符合条件的记录。它对应于关系运算的选择运算。条件子句有两种：

（1）FOR <条件>：对指定范围内所有满足条件的记录进行操作。

（2）WHILE <条件>：在指定范围内按顺序对满足条件的记录操作，直到遇到第一个不满足条件的记录为止。

> **注　意**
>
> <条件>由一个逻辑表达式或关系表达式构成，其值为逻辑型数据。

5）字段名表子句

字段名表子句用来限制只对指定的若干个字段进行操作。字段名表子句的格式如下：

```
[FIELDS] <字段名表>
```

其中，字段名表由若干个以逗号分隔的字段名构成，默认情况下是对当前表中的所有字段进行操作，但不包括备注型字段和通用型字段。

2．Visual FoxPro 命令的书写规则

（1）命令必须以命令动词开头，命令中其他各子句的次序可以任意排列。

（2）命令动词与子句之间、各子句之间以空格分隔。

（3）命令中的字符不区分大小写。

（4）命令中的所有字符和标点符号都必须在英文半角状态下输入。

（5）一条命令可以分成多行书写，用分号 ";" 作为续行标志。

1.7　Visual FoxPro 的系统环境配置

Visual FoxPro 安装完成后，系统自动用一些默认值来设置系统环境，用户可以根据自己的需要，对这些系统的默认配置进行调整，定制自己的开发环境。用户可以在"选项"对话框中设置系统环境，也可以使用 SET 命令设置系统环境。

1．使用"选项"对话框设置

1）设置默认目录

Visual FoxPro 默认的工作目录是安装 Visual FoxPro 系统时用户和系统所确定的安装目录，即存放 Visual FoxPro 系统文件的目录，通常是 "C:\Program Files\Microsoft Visual Studio\Vfp98"。在使用 Visual FoxPro 中产生的所有文件将存储在此目录下，需要打开的文件也在此目录下查找。为了避免与系统文件混淆，用户应定义自己的工作目录，将用户创建的文件存储在自己的目录下。

选择"工具"→"选项"命令，弹出"选项"对话框，单击"文件位置"选项卡，如图 1-8 所示。在此对话框中，可以设置默认目录。

【**例 1.1**】　设置默认目录为 D:\教学管理系统。

（1）在 D 盘建立"教学管理系统"文件夹。

（2）在图 1-8 所示的"选项"对话框的"文件位置"选项卡中选中"默认目录"项，单击"修改"按钮，弹出"更改文件位置"对话框，如图 1-9 所示。

（3）选中"使用(U)默认目录"复选框，在"定位(L)默认目录"的文本框中输入默认目录："d:\教学管理系统"；也可以单击文本框右侧的"浏览"按钮，在弹出的"选择目录"对话框中选择"d:\教学管理系统"目录。单击"确定"按钮，返回"选项"对话框的"文件位置"选项卡。

（4）在"选项"对话框中，单击"设置为默认值"按钮，然后单击"确定"按钮，将当前设置保存为 Visual FoxPro 的默认（永久）设置。

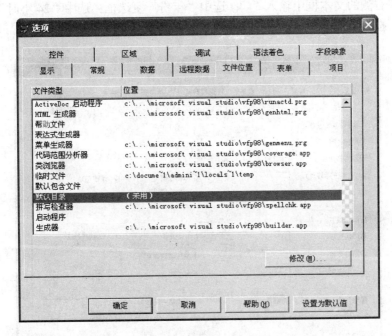

图 1-8　"选项"对话框的"文件位置"选项卡

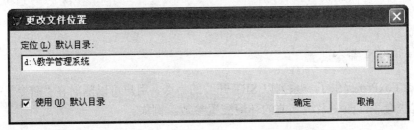

图 1-9　"更改文件位置"对话框

注　意

　　在"选项"对话框中设置相应的选项后，单击"确定"按钮，将所做的设置保存为只在当前工作期有效，即仅在本次 Visual FoxPro 运行期间有效，重新启动 Visual FoxPro 后，所做的设置无效。单击"设置为默认值"按钮，再单击"确定"按钮，将设置保存为 Visual FoxPro 的默认（永久）设置，重新启动计算机后，所做的设置仍然有效。

2）设置日期和时间的显示方式

Visual FoxPro 默认的日期显示方式为"mm/dd/yy"，默认的时间显示方式为 12 小时制，可以根据需要重新设置时期和时间的显示方式。

【例 1.2】　设置日期的显示格式为"年月日"，设置日期的分隔符为"-"，年份用 4 位表示，时间的显示格式为 24 小时的表示形式。

在如图 1-8 所示的"选项"对话框中，选中"区域"选项卡，弹出"区域"选项卡对话框，如图 1-10 所示。在"日期格式"下拉列表中选"年月日"；选中"日期分隔符"

复选框，在右侧的文本框中输入"-"；选中"年份"复选框；选中"24 小时"选项，单击"确定"按钮。

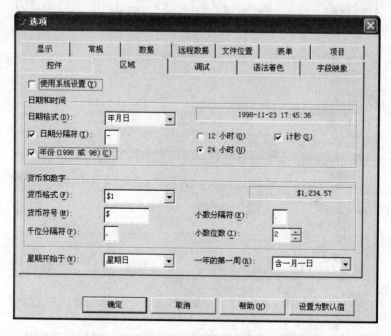

图 1-10   "选项"对话框的"区域"选项卡

2. 使用 SET 命令设置

Visual FoxPro 提供了一系列以 SET 开头的命令，用户可以随时在"命令"窗口中输入执行这些命令，改变系统当前的环境配置参数。例如：

```
SET DATE TO ANSI              &&将系统的日期格式设置为 yy.mm.dd
SET DEFAULT TO d:\教学管理系统   &&将系统的默认目录指定为"d:\教学管理系统"
```

注 意 ◁))

如果使用 SET 命令配置环境，只对当前工作期有效，即仅在本次 Visual FoxPro 运行期间有效，重新启动 Visual FoxPro 后，所做的设置无效。

1.8   Visual FoxPro 的辅助设计工具

为了便于应用程序的开发，Visual FoxPro 提供了三种功能强大的支持可视化设计的辅助工具：向导、设计器和生成器。

1.8.1   向导

向导是一种快捷设计工具，它通过对话框的形式，引导用户分步完成某一指定任务，如创建表、建立查询和视图、创建表单、设置报表格式等，均可使用相应的向导工具完成。向导工具的最大特点是操作简单，并能快速完成编辑任务。但向导只能完成比较简单的任务，在实际应用中往往不能满足用户的需要，用户可以利用向导先创建一个比较简单的任务框架，然后再用相应的工具进行修改和完善。

Visual FoxPro 提供了 20 多种向导，表 1-2 中列出了一些主要的向导及其功能。

表 1-2　Visual FoxPro 主要向导一览表

向 导 名 称	主 要 功 能
数据库向导	创建包含指定表或视图的数据库
表向导	创建包含所指定字段的表
本地视图向导	用本地数据创建视图
表单向导	为单个表创建操作数据的表单
一对多表单向导	为两个相关表创建表单，在表单的表格中显示子表的字段
报表向导	用一个数据表或视图创建报表
一对多报表向导	创建包括一组父表的记录及相关子表的记录的报表
标签向导	用一个数据表或视图创建标签

1.8.2　设计器

设计器是 Visual FoxPro 以图形界面提供给用户的设计工具，它比向导具有更强大的功能，用户可以通过它创建并定制数据库结构、数据表结构、表单结构、报表格式和应用程序组件等。

Visual FoxPro 提供了 10 多种设计器，表 1-3 中列出了一些主要的设计器及其功能。

表 1-3　Visual FoxPro 主要设计器一览表

设计器名称	主 要 功 能
数据库设计器	创建或修改数据库，管理数据库中的表、视图和表之间的联系
表设计器	创建或修改表及表中的字段、索引，进行有效性检查
查询设计器	创建或修改查询，可以选择字段、排序、筛选记录、分组等
视图设计器	创建或修改可更新的查询，即视图，可以选择字段、排序、筛选记录等
表单设计器	创建或修改表单或表单集
报表设计器	创建或修改用于显示或打印数据的报表
标签设计器	创建或修改标签的内容和布局
菜单设计器	创建或修改应用程序的菜单或快捷菜单
数据环境设计器	创建或修改表单或报表所使用的数据源，包括表、视图等

1.8.3　生成器

生成器是带有一系列选项卡的对话框，用于用户访问并设置所选对象的属性，表单上的部分控件可以使用生成器设置属性。生成器可以简化创建和修改用户界面程序的设计过程，提高软件开发的质量。

Visual FoxPro 提供了 10 多种生成器，表 1-4 中列出了一些主要的生成器及其功能。

表 1-4　Visual FoxPro 主要生成器一览表

生成器名称	主要功能
表单生成器	生成表单，方便向表单中添加字段和其他控件
文本框生成器	生成用来输入和编辑内容的文本框
编辑框生成器	生成用来编辑多行文本的编辑框
列表框生成器	生成可供选择选项的列表框
组合框生成器	生成下拉式的可供选择选项的组合框
表格生成器	生成指定数据源的数据表格
命令按钮组生成器	生成包含多个命令按钮的命令按钮组
选项按钮组生成器	生成包含多个选项按钮的选项按钮组
参照完整性生成器	在数据库表之间创建参照完整性并设置相应的触发器

　　以上三类辅助工具都以简单直观的人机交互操作方式完成应用程序的界面设计任务，同时所有上述工具的设计结果都能够自动生成 Visual FoxPro 代码，改变了用户逐条编写程序、反复调测程序的繁琐工作方式。

　　上述工具的具体操作方法与示例，将在以下各章陆续介绍。

1.9　Visual FoxPro 的常用文件类型

　　在 Visual FoxPro 中，文件是按照不同的格式存储在磁盘上的，根据文件的组织形式及数据特点，Visual FoxPro 的文件可以划分为几十种类型，在此列出最常用的文件的扩展名和类型。Visual FoxPro 常用文件类型见表 1-5。

表 1-5　常用文件类型

扩展名	文件类型	扩展名	文件类型
.DBC	数据库文件	.DCT	数据库备注文件
.DBF	数据表文件	.FPT	数据表备注文件
.PJX	项目文件	.PJT	项目备注文件
.PRG	源程序文件	.FXP	源程序的目标文件
.CDX	数据表复合索引文件	.IDX	数据表单索引文件
.SCX	表单文件	.SCT	表单备注文件
.SPR	表单的源程序文件	.SPX	表单的目标程序文件
.FRX	报表文件	.FRT	报表备注文件
.LBX	标签文件	.LBT	标签备注文件
.MNX	菜单文件	.MNT	菜单备注文件
.MPR	菜单的源程序文件	.MPX	菜单的目标程序文件
.QPR	查询的源程序文件	.QPX	查询的目标程序文件
.DCX	数据库索引文件	.FMT	屏幕格式文件
.MEM	内存文件	.TXT	文本文件
.APP	应用程序文件	.EXE	可执行文件
.VCX	可视类库文件	.VCT	可视类库备注文件

1.10　本　章　小　结

本章重点讲述了数据库系统的有关概念，描述了关系数据模型中的关系、属性、元组、键等定义，介绍了关系模型选择、投影、联接等操作运算，Visual FoxPro 系统的功能和特点，详细地讲述了 Visual FoxPro 系统的窗口、菜单、工具栏等开发环境，Visual FoxPro 的工作方式和命令规则，并简单介绍了向导、设计器、生成器的功能和作用，总结了 Visual FoxPro 常用文件类型。

1.11　习　　题

一、选择题

1. 用二维表来表示实体与实体之间联系的数据模型称为_____。
   A．实体-联系模型　　　　　　　　　　B．层次模型
   C．网状数据模型　　　　　　　　　　　D．关系模型
2. Visual FoxPro 支持的数据模型是_____。
   A．层次数据模型　　　　　　　　　　　B．关系数据模型
   C．网状数据模型　　　　　　　　　　　D．树状数据模型
3. Visual FoxPro 中的记录对应于关系中的_____。
   A．元组　　　B．属性　　　　　C．数据库　　　D．关键字
4. 退出 Visual FoxPro 的方法是_____。
   A．从"文件"菜单中选择"退出"选项
   B．用鼠标左键单击"关闭"窗口按钮
   C．在"命令"窗口键入"QUIT"命令，然后按＜Enter＞键
   D．以上方法都可以
5. 下列能显示命令窗口的是_____。
   A．用鼠标单击"显示"菜单的"工具栏"选项
   B．通过"窗口"菜单下的"命令窗口"选项来切换
   C．直接按＜Alt+F4＞组合键
   D．以上方法都可以
6. 在"选项"对话框的"文件位置"选项卡中可以设置_____。
   A．表单的默认大小　　　　B．默认目录
   C．日期和时间的显示格式　　D．程序代码的颜色

二、填空题

1. 在 Visual FoxPro 中，显示或隐藏工具栏，应选择_____菜单下的工具栏项。
2. Visual FoxPro 的命令工作方式是通过_____窗口实现的。
3. 打开"选项"对话框之后，要设置日期和时间的显示格式，应当选择"选项"

对话框的_____选项卡。

4．在 Visual FoxPro 中，一个关系存储为一个文件，其扩展名是.DBF，称为_____。

5．在 Visual FoxPro 中，把相互之间存在联系的表放到一个数据库中统一管理，数据库文件的扩展名是_____。

6．在 Visual FoxPro 中，把目录"D:\VFP"设置为默认目录的命令是_____。

三、思考题

1．什么是数据库、数据库管理系统、数据库系统和数据库应用系统？

2．什么是键、主键？它们的作用是什么？

3．Visual FoxPro 工作主界面主要由哪几部分组成？

4．Visual FoxPro 通常有哪几种工作方式？简述各种工作方式的特点。

5．Visual FoxPro 向导、设计器和生成器的作用是什么？

第 2 章　数据与数据运算

学习目标

● 理解数据类型、常量、变量的概念与表示方法。
● 熟练掌握各类型运算符及表达式的使用方法。
● 熟练掌握常用函数。

在 Visual FoxPro 系统中，除需要处理表中的数据外，还需要处理程序运算中的数据。根据计算机系统处理数据的形式来分，Visual FoxPro 将数据分为常量、变量、函数和表达式 4 种形式，每种形式又可以包含各种不同的数据类型。常量和变量是数据运算和处理的基本对象；函数是一段程序代码，用来进行一些特定的运算或操作；表达式是由常量、变量、函数和运算符等构成的式子。

本章将介绍数据类型、常量、变量、运算符与表达式和函数。

2.1　数 据 类 型

Visual FoxPro 共有 13 种数据类型，如表 2-1 所示。这些数据类型均可用于表中的字段变量。其中，数值型、字符型、日期型、日期时间型、逻辑型和货币型六种数据类型既可于表中的字段，又可用于常量、内存变量和表达式，称为基本数据类型；而双精

表 2-1　Visual FoxPro 的数据（字段）类型

数据类型	表示符号	宽度（字节）	说明
数值型（Numeric）	N	最多 20	整数或小数，如学生的入学成绩
字符型（Character）	C	最多 254	字母、数字和汉字等一切可打印的 ASCII 字符，如学生姓名
日期型（Date）	D	8	由年、月、日构成，如学生的出生日期
日期时间型（Date Time）	T	8	由年、月、日、时、分、秒构成，如学生上课时间
逻辑型（Logical）	L	1	值为真或假，如是否为党员
货币型（Currency）	Y	8	带有货币符号的数值，如商品价格
双精度型（Double）	B	8	双精度数值，常用于精度要求很高的数据
浮点型（Float）	F	最多 20	类似于数值型
整型（Integer）	I	4	不含小数点的数值类型，如商品数量
备注型（Memo）	M	4	不定长的字母、数字、文本，如个人简历
通用型（General）	G	4	OLE 对象（存储声音、图像、文档、电子表格等）
二进制字符型	C	最多 254	与字符型数据类似，以二进制存储
二进制备注型	M	4	与备注型数据类似，以二进制存储

度型、浮点型、整型、备注型、通用型、二进制字符型和二进制备注型七种数据类型只
能用于表中字段变量。

2.2　常　　量

常量是指在命令或程序中引用的具体值，在命令操作或程序运行过程中始终保持不
变。不同类型的常量有不同的书写格式。Visual FoxPro 的常量类型有数值型、字符型、
日期型、日期时间型、逻辑型和货币型六种。

1.　数值型常量

数值型常量用来表示一个具体的数，即通常所说的常数。由数字 0～9、小数点和正
负号组成。

例如，+18、123 表示正数，-3.45、-78 表示负数。

数值型常量也可以用科学记数法表示。

例如：7.9×10^5 在计算机中表示为 7.9E5，3.14×10^{-7} 在计算机中写成 3.14E-7。

2.　字符型常量

字符型常量由中英文字符、各种符号、空格和数字组成，使用时需要用定界符括起
来。定界符包括英文半角单引号、双引号或方括号，必须成对出现，即前后定界符一致。
在字符型常量中，一个汉字占两个字节，其他字符占一个字节。

例如，正确的字符型常量：'hello'、"123"、[大学]。

错误的字符型常量："计算机]、[二级'、考试。

不含任何字符的空串（""）和包含一个空格的字符串（" "）是不一样的，空串里没
有任何内容，长度为 0，而空格的长度是 1。

3.　日期型常量

日期型常量用于表示具体日期，定界符是一对花括号 { }。花括号内用斜杠（/）将
年、月、日三部分内容分隔开。斜杠（/）是默认的分隔符，其他的合法分隔符还有减号
（-）、句点（.）和空格等。

1）传统日期格式与严格日期格式

日期型常量分为传统日期格式和严格日期格式，如表 2-2 所示。在程序或命令中通
常使用严格日期格式。在书写严格日期格式时一定要在前边加脱字符（^）。

表 2-2　传统日期格式与严格日期格式

类别	表示方式	说　明	举　例
传统日期格式	mm/dd/yy	其中，mm 是用两位表示月份，dd 是用两位表示日，yy 是用两位表示年	｛05/01/11｝ 表示 2011 年 5 月 1 日
严格日期格式	{^yyyy-mm-dd}	可以确切地表示一个日期而不会受到命令语句的任何影响	｛^2011-05-01｝ 表示 2011 年 5 月 1 日

2）影响日期格式的设置命令

（1）设置日期格式：

【格式】SET DATE [TO] AMERICAN | ANSI | MDY | DMY | YMD

【功能】设置日期显示的格式。命令中各个短语所定义的日期格式如表 2-3 所示。

例如，使用 SET DATE TO YMD 命令，则日期将以 yy/mm/dd 的格式显示。

表 2-3　设置日期显示的格式

短语	格式	短语	格式
AMERICAN	mm/dd/yy	ANSI	yy.mm.dd
MDY	mm/dd/yy	DMY	dd/mm/yy
YMD	yy/mm/dd		

（2）设置日期分隔符：

【格式】SET MARK TO [日期分隔符]

【功能】用于设置显示日期型数据时使用的分隔符。若执行 SET MARK TO 没有指定任何分隔符，表示恢复系统默认的斜杠（/）分隔符。

【说明】分隔符为字符型常量，即两边需要加定界符。

（3）设置年份的位数：

【格式】SET CENTURY ON | OFF

【功能】用于设置显示日期型数据时是否显示世纪。

【说明】ON 表示日期输出时显示世纪值，即年份占 4 位。

OFF 为默认值，表示日期输出时不显示世纪值，即年份占 2 位。

【例 2.1】　设置不同的日期格式。

在"命令"窗口中输入下列四条命令，并分别按＜Enter＞键执行：

```
SET CENTURY ON              &&设置 4 位数年份
SET MARK TO "-"             &&设置日期分隔符（-）
SET DATE TO YMD             &&设置年、月、日格式
? {^2011/05/01}
```

输出结果：2011-05-01

继续输入：

```
SET CENTURY OFF            &&设置 2 位数年份
SET MARK TO                &&设置日期分隔符为系统默认（/）
SET DATE TO AMERICAN       &&设置日期格式为 mm/dd/yy
? {^2011-05-01}
```

输出结果：05/01/11

4. 日期时间型常量

日期时间型常量用来表示具体的日期及时间，分为传统日期时间型常量和严格日期时间型常量。

严格日期时间型常量的格式为：{^yyyy-mm-dd,[hh[:mm[:ss]][a|p]]}

严格日期时间型常量由前面的日期和后面的时间组成，日期和时间之间用逗号或空格隔开，其中 hh、mm 和 ss 分别表示小时、分和秒，a 代表上午，p 代表下午，默认为上午。

5. 逻辑型常量

逻辑型常量用来表示逻辑值，只有逻辑真（True）和逻辑假（False）两个值，定界符为圆点。例如，.T.、.t.、.Y.和.y.表示逻辑真值；.F.、.f.、.N.和.n.表示逻辑假值。

6. 货币型常量

货币型常量常用来表示货币的值。货币型常量与数值型常量的主要不同之处就是前面有货币符号"$"，如$18，$-18.65。

2.3　变　　量

变量是指在命令操作或程序运行过程中其值可以改变的量。Visual FoxPro 中的变量分为内存变量、数组变量、字段变量和系统变量。

2.3.1　内存变量

内存变量是存放单个数据的内存单元，是独立于数据库之外存在于内存中的临时存储变量，用来存放程序运行中的原始数据、中间结果和最后结果。除非用内存变量文件保存内存变量值，否则，当退出 Visual FoxPro 系统后，内存变量的值会从系统中清除。

内存变量类型取决于变量值的类型，主要有字符型、数值型、货币型、逻辑型、日期型和日期时间型六种。

1. 内存变量命名规则

每一个内存变量都必须有一个固定的名称，以标识该内存单元的存储位置。

内存变量名以字母或汉字开头，可由字母（不区分大小写）、汉字、下划线和数字组成，其长度最多可达到 254 个字符。

2. 内存变量赋值

内存变量在使用之前必须先赋值，如果没赋值也没预先定义则不能使用。给内存变量赋值的同时也建立了内存变量。Visual FoxPro 常用以下两种命令来创建内存变量并为其赋值。

【格式1】<内存变量名>=<表达式>

【格式2】STORE <表达式> TO <内存变量名表>

【功能】将表达式的值赋给内存变量。

【说明】格式 1 中等号一次只能给一个变量赋值。格式 2 中 STORE 命令可以同时给若干个变量赋予相同的值，各内存变量名之间用英文半角逗号分开。可以通过对内存变量重新赋值来改变内存变量内容或类型。

【例 2.2】　内存变量的赋值。

```
A=123                    &&创建数值型变量 A，值为 123（一百二十三）
A="123"                  &&创建字符型变量 A，值为"123"（一二三）
B={^2011/05/01}          &&创建日期型变量 B，值为{^2011/05/01}
STORE 20 TO X,Y          &&创建数值型变量 X 和 Y，值为 20
```

注　意

STORE 命令不能同时把多个不同的值分别赋给若干变量。

例如，

```
STORE 20,30 TO X,Y    && 这个命令的使用方式是错误的
```

应改为

```
X=20
Y=30
```

3. 内存变量值的输出

内存变量值的输出可使用"?"或"??"命令来实现。

【格式 1】?[<表达式>]

【格式 2】?? <表达式>

【功能】计算表达式的值，并把结果显示在屏幕上。

【说明】使用"?"命令，显示结果在下一行输出；使用"??"命令，显示结果在当前行输出。如果只执行不带任何表达式的"?"命令，则输出一个空行。

【例 2.3】　输出变量的值。

```
STORE 15 TO m,n           &&创建变量 m，n 数据类型为数值型，值为 15
? m,n+1
?? m,n-1                   &&不换行，在前面的结果后直接输出
```

输出结果：15　　　16　　　15　　　14

继续输入：

```
? m,n+1                                    &&换行显示
? m,n-1
```

输出结果：15　　　16
　　　　　　15　　　14

4. 变量显示

【格式 1】LIST MEMORY [LIKE <通配符>]

【格式 2】DISPLAY MEMORY [LIKE <通配符>]

【功能】显示内存变量的当前信息，包括变量名、作用域、取值和类型。

格式 1 不暂停连续显示，直到显示结束。

格式 2 分屏显示，每显示一屏暂停，等待用户按任意键继续显示。

选用 LIKE 短语只显示与通配符相匹配的内存变量。Visual FoxPro 命令中的通配符包括"*"和"?"，"*"表示任意多个字符，"?"表示任意一个字符。

例如，a*可以表示 ab、abc、abfedf 等所有以 a 开头的变量；b?可以表示 b、bf、bg、be 等由一个或两个字母组成并且第一个字母是 b 的变量。

5．内存变量清除

变量的清除指释放不再使用的变量所占的内存空间，被清除的变量不能在程序中继续使用。清除变量可以使用以下命令。

【格式 1】CLEAR MEMORY

【格式 2】RELEASE <内存变量名表>

【功能】格式 1 清除所有内存变量，格式 2 清除指定内存变量。

2.3.2　数组变量

数组变量是名字相同而下标不同的一组有序内存变量的集合，其中每一个内存变量都是这个数组的一个元素，每个数组元素在内存中独占一个内存单元，相当于一个简单的内存变量。为了区分不同的数组元素，每个数组元素都是通过数组名和下标来访问的。

数组下标的个数称为数组的维数，只有一个下标的数组称为一维数组，有两个下标的数组称为二维数组。数组必须先定义后使用。

1．数组的定义

【格式】DIMENSION <数组名 1>(<下标 1>[,<下标 2>])[,<数组名 2>……]

　　　　DECLARE <数组名 1>(<下标 1>[,<下标 2>][,<数组名 2>……]

【功能】定义一个或多个一维或二维数组。

【说明】

（1）数组下标的起始值为 1，<下标 1>用来指定数组第一维的最大下标，<下标 2>用来指定数组第二维的最大下标，缺省<下标 2>时，定义的是一维数组。

（2）当数组被定义为二维时，也能以一维下标方式进行访问。这是由于在内存中，二维数组元素是按行次序线性排列的。

例如：

```
DIMENSION X(3) ,Y(2,3)
```

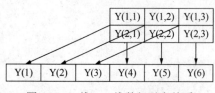

图 2-1　一维、二维数组对应关系

表示定义了一维数组 X 和二维数组 Y，其中一维数组 X 中包含三个元素，即 X(1)、X(2)和 X(3)；二维数组 Y 中包含六个元素，即 Y(1,1)、Y(1,2)、Y(1,3)、Y(2,1)、Y(2,2)和 Y(2,3)，二维数组 Y 也可表示为 Y(1)、Y(2)、Y(3)、Y(4)、Y(5)和 Y(6)，对应关系如图 2-1 所示。

2. 数组的赋值

数组定义后，自动为每一个元素赋逻辑假值.F.。可以向内存变量赋值一样，通过 STORE 命令或"="为整个数组或个别数组元素重新赋值。同一数组中的各个元素可以存放不同类型的数据。

【例 2.4】

```
DIMENSION X(3) ,Y(2,3)
X=3                    &&将数组 X 的所有元素都赋值为 3
X(1)= .T.              &&将数组 X 的第 1 个元素赋值为.T.
Y(2,1)=X               &&将数组 Y 的第 4 个元素赋值为数组 X 的第 1 个元素
STORE "北京" TO Y(2)    &&将数组 Y 的第 2 个元素赋值为"北京"
```

注　意

　　数组变量可以不带下标使用，当它被赋值时，表示该数组中的所有元素；当将它的值赋给其他变量时，表示该数组中的第一个元素。

2.3.3　字段变量

　　字段变量就是数据表中的字段，变量名就是表中的字段名。例如，学生表中的"学号"、"姓名"等字段就是字段变量。

注　意

　　由于内存变量存放在独立于数据库文件的临时存储单元中，所以内存变量可以和字段变量重名。在这种情况下，字段变量具有更高的优先级。在两种变量同名的前提下，如果用户想访问内存变量，需要在内存变量名前加 M.或 M->作为前缀，例如，"M.学号"或"M->学号"，但对字段变量赋值时不能加 M.或 M->作为前缀，字段变量可以加表名作为自己的前缀，例如，学生表中的"学号"、"姓名"字段，可以表示成"学生.学号"、"学生.姓名"。

【例 2.5】　有一个如图 2-2 所示的"学生"数据表，指针指向第一条记录。
执行以下命令：

　　　学号="88888888"
　　　?学号

输出结果：11010001
继续输入：

　　　?M.学号

输出结果：88888888
假设指针指向第二条记录，执行以下命令：

　　　?学生.学号, 学生.姓名

图 2-2　"学生"数据表

输出结果：11010002　　张美芳

字段变量的值随着记录指针的变化而变化，字段变量的值取自表中当前记录的某一列（字段）的值。字段变量的值不能用"="来赋值，例如，学生.学号="88888888"，是错误的语句，字段变量的值只能通过 Visual FoxPro 的 REPLACE 语句或 SQL 的 UPDATE 语句来赋值。

2.4　运算符与表达式

表达式是由常量、变量、函数通过运算符连接起来的特定公式，它的运算结果是单一的值，即表达式的值。根据运算结果数据类型的不同，表达式可以分为数值表达式、字符表达式、日期时间表达式、关系表达式和逻辑表达式，各类表达式都有自己特定的运算符，且存在一定的运算顺序，也称为运算优先级。

2.4.1　算术运算符和数值表达式

【格式】<数值 1><算术运算符 1><数值 2> [<算术运算符 2><数值 3>…]

【说明】数值表达式由算术运算符、数值型常量、变量、函数和圆括号组成。

运算结果类型：数值型。

当数值表达式存在两种以上的运算，运算是分先后次序的，即优先级。数据运算的优先级和运算符号的含义如表 2-4 所示。

表 2-4　算术运算符

优先级	运算符	说　　明
1	( )	形成表达式的子表达式
2	^或**	数学中的乘方，如 2^3 表示 2*2*2
3	*、/、%	乘、除、求余，如 11%3 结果为 2
4	+、-	加、减

【例 2.6】　求余运算符"%"运算示例。

```
? 10%3, -10%3, 10%-3, -10%-3
```

输出结果：1　2　-2　-1

求余运算符"%"同 2.5.1 节数值函数中的 MOD()函数。返回两数值相除的余数，返回值的符号与除数的符号相同。两数值同号，直接求余数再取正负号；两数值异号，用除数绝对值减余数绝对值再取正负号。

2.4.2　字符运算符和字符表达式

【格式】<字符串 1><字符运算符 1><字符串 2>[<字符运算符 2><字符串 3>…]

【说明】表达式由字符型常量、变量、函数和运算符"+"、"-"组成，"+"、"-"两个运算符的优先级相同，表示的含义都是字符串的连接，只是在处理前串尾部空格上有所区别。

运算结果类型：字符型。

字符运算符如表 2-5 所示。

表 2-5 字符运算符

运算符	名称	说 明
+	连接	前后两个字符串首尾连接形成一个新的字符串
-	空格移位连接	连接前后两个字符串，并将前字符串的尾部空格移到合并后的新字符串尾部

【例 2.7】 字符串运算示例（注：□表示空格）。

```
a="hello□□"
b="teacher!□□"
? a+b, a-b
```

输出结果：hello□□teacher!□□ helloteacher!□□□□

2.4.3 日期时间运算符和日期时间表达式

日期型数据是比较特殊的数据类型，只能进行"+"和"-"运算。此外，在格式上还有严格的限制，一些合法的组合如表 2-6 所示。

表 2-6 日期时间表达式格式

格 式	运算后的数据类型	运算后的结果
<日期>+天数	日期型	指定日期若干天后的日期
<日期>-<天数>	日期型	指定日期若干天前的日期
<日期>-<日期>	数值型	两个指定日期相差的天数
<日期时间>+秒数	日期时间型	指定日期时间若干秒后的日期时间
<日期时间>-秒数	日期时间型	指定日期时间若干秒前的日期时间
<日期时间>-<日期时间>	数值型	两个指定日期时间相差的秒数

【例 2.8】 日期运算示例。

```
? {^2011-05-01}+5                      &&输出结果：05/06/11
? {^2011-05-01}-{^2011-04-01}          &&输出结果：30
? {^2011-04-01}-{^2011-05-01}          &&输出结果：-30
```

2.4.4 关系运算符和关系表达式

【格式】<表达式 1><关系运算符><表达式 2>

【说明】相同类型的数据之间的比较。

运算结果类型：逻辑型。

关系表达式也叫做简单逻辑表达式，由关系运算符将两个运算对象连接起来。关系表达式的运算结果是逻辑型。

关系运算符的作用是比较两个同类型表达式的大小。关系运算符的含义如表 2-7 所示。

表 2-7　关系运算符及含义

运　算　符	含　　义	运　算　符	含　　义
>	大于	=	等于
>=	大于等于	==	字符串精确比较
<	小于	<>, #, !=	不等于
<=	小于等于	$	子串包含测试

运算符"$"和"=="仅可用于字符型数据，其他运算符适用于任何类型数据；在比较运算时，前后两个运算对象的类型必须相同。

1. 数值、货币和日期时间型数据的比较

数值、货币和日期时间型数据的比较规则如表 2-8 所示。

表 2-8　数值、货币、日期时间型数据的比较规则

比较类型	规　　则	举　　例
数值和货币型数据	按数值大小	5>-4；$12<$34
日期和日期时间型数据	越早的日期时间越小	{^2011-05-01}>{^2010-12-31}
逻辑型数据	逻辑真大于逻辑假	.T.>.F.

2. 字符型数据的比较

对两个字符串进行比较时，系统会从左到右逐个字符进行比较，当发现两个对应的字符不同时，根据两个字符在字母表中的顺序判断两个字符串的大小。在 Visual FoxPro 中，默认按 pinyin（拼音次序）进行排序，其排序的规则是：空格<0~9<a<A<b<B······<z<Z<汉字。对常用的汉字而言，根据它们的拼音顺序决定大小。

还有另外两种排序方式 machine（机器次序）和 stroke（笔画次序），可以在"工具"→"选项"菜单命令中进行设置。

【例 2.9】　默认排序设置下字符串的比较。

```
?  "abd"<"abc", "b"<"B" , "十"<"三"
```

输出结果：.F.　 .T.　 .F.

使用"=="对字符串进行的是精确比较，即只有当两个字符串完全相同时（包括空格、各字符的位置），运算结果才为真，否则为假。

使用"="对字符串进行比较，结果和 SET EXACT ON | OFF 命令有关，如表 2-9 所示。既可以通过命令进行设置，也可以通过"选项"对话框的"数据"选项卡进行设置。

表 2-9　ON/OFF 状态下"="的比较结果

状态	功　能	举　例
OFF	只要右边的字符串与左边的字符串的前半部分相匹配，运算结果就为真。比较是以右边的字符串的长度为基准的，右面的字符串结束就终止比较（默认状态）	"abc"="a","abc"="ab"和"abc"="abc"运算结果都为真，但"a"="abc","bc"="abc"这些都为假
ON	在进行比较之前，系统会在较短的字符串的尾部加空格，使之和较长的字符串长度相同，再进行比较	"ab□"="ab"为真，"ab"="a"为假

3. 子串包含运算$

【格式】<字符串表达式 1>$<字符串表达式 2>

【说明】如果字符串表达式 1 是字符串表达式 2 的一个子串，即一部分，结果为真，否则为假。

【例 2.10】　子串包含运算示例。

　　? "教育学"$"高等教育学"，"教学"$"高等教育学"，"高等教育学"$"教育学"

输出结果：.T.　　.F.　　.F.

2.4.5　逻辑运算符和逻辑表达式

逻辑运算符有三个，分别是.NOT.（逻辑非）、.AND.（逻辑与）和.OR.（逻辑或），也可以省略两边的圆点。它们的优先级依次是 NOT、AND、OR。

逻辑运算的操作数是逻辑型数据，运算的结果也是逻辑型数据。

逻辑运算的运算规则如表 2-10 所示（其中 R 和 S 是两个逻辑型数据）。

表 2-10　逻辑运算的运算规则

R	S	.NOT.R	R.AND.S	R.OR.S
.T.	.T.	.F.	.T.	.T.
.T.	.F.	.F.	.F.	.T.
.F.	.T.	.T.	.F.	.T.
.F.	.F.	.T.	.F.	.F.

逻辑表达式经常用在判断条件的语句中。

2.4.6　运算符优先级

在每一类运算中，各个运算符都有自己的优先级。当不同类别的运算符出现在同一个表达式中，其运算符的优先级从高到低依次为

　　　　算术运算符>字符、日期和时间运算符>关系运算符>逻辑运算符

圆括号具有最高的优先级，可以任意改变运算顺序。相同优先级的运算符按从左到右的顺序进行运算。

【例 2.11】　不同运算符优先级示例。

　　? 22>12 AND "tianjin"<"beijing"OR .T.<=.F.

运算结果：.F.

运算过程如图 2-3 所示。

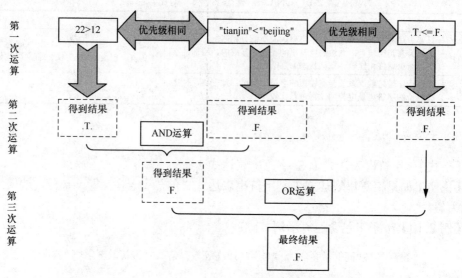

图 2-3　运算符优先级示例

2.5　常 用 函 数

函数是一段程序代码，用来进行一些特定的运算或操作。函数有若干个自变量，即运算对象，但只有一个运算结果，即函数值。函数可以用函数名加一对圆括号加以调用，函数调用的一般形式为：函数名（[参数 1],[参数 2],…）。

Visual FoxPro 提供了几百种函数。按函数提供的方式，可将函数分为用户自定义函数和系统函数，用户自定义函数由用户根据需要自行编写；系统函数是由 Visual FoxPro 提供的内部函数，用户可以随时调用。按函数运算处理的对象及结果的数据类型，可将函数分为数值函数、字符函数、日期和时间函数、数据类型转换函数、测试函数以及其他函数等。

2.5.1　数值函数

1. 取绝对值函数

【格式】ABS(<数值表达式>)
【功能】返回指定数值表达式的绝对值。
【例 2.12】 ? ABS(-20),ABS(10-20)
输出结果：20　　　10

2. 最大值、最小值函数

【格式】MAX|MIN（<表达式 1>,<表达式 2>，…）
【功能】返回 n 个表达式中的最大值（或最小值）。

【说明】所有表达式的类型必须相同。

【例 2.13】　?MAX(10,20),MIN(-10,-20,-30) ,MAX("a","B","西")

输出结果：20　　　-30　　　　西

3. 求余数函数

【格式】MOD(<数值表达式 1>,<数值表达式 2>)

【功能】返回两数值相除的余数，返回值的符号与除数的符号相同。

【说明】两数值同号，直接求余数再取正负号；两数值异号，用除数绝对值减余数绝对值再取正负号。

【例 2.14】　?MOD(23,5),MOD(23,-5),MOD(-23, 5),MOD(-23,-5)

输出结果：3　　　-2　　　2　　　　-3

4. 四舍五入函数

【格式】ROUND(<数值表达式 1>,<数值表达式 2>)

【功能】对数值表达式 1 按照数值表达式 2 进行四舍五入，数值表达式 2 大于等于 0，对小数部分进行四舍五入；数值表达式 2 小于 0，对整数部分进行四舍五入。

【例 2.15】　?ROUND(345.6799,3),ROUND(345.6799,-2)

输出结果：345.680　　　　300

5. 求平方根函数

【格式】SQRT(<数值表达式>)

【功能】返回非负数值表达式的平方根。

6. 圆周率函数

【格式】PI()

【功能】返回圆周率 PI 的近似值，该函数没有自变量。

【例 2.16】　?SQRT(16),PI()

输出结果：4.00　　　　3.14

7. 取整函数

【格式】INT (<数值表达式>)

　　　　FLOOR(<数值表达式>)

　　　　CEILING(<数值表达式>)

【功能】INT()函数返回指定数值表达式的整数部分，小数部分不四舍五入。

　　　　FLOOR()函数返回小于或等于指定数值表达式的最大整数。

　　　　CEILING()函数返回大于或等于指定数值表达式的最小整数。

【例 2.17】　?INT(5.9),INT(-8.66),INT(10.9-2.6)

输出结果：5　　　-8　　　　8

【例 2.18】　? FLOOR(-3.45),FLOOR(0.7),FLOOR(2.8)

输出结果: -4   0   2

【例 2.19】   ?CEILING(-3.45),CEILING(0.7) CEILING(2.8)

输出结果: -3   1   3

8. 符号函数

【格式】SIGN(<数值表达式>)

【功能】返回指定数值表达式的符号,当表达式的结果为正数、负数和零时,返回的函数值分别为 1、-1 和 0。

【例 2.20】   ?SIGN (3), SIGN (0), SIGN (-3)

输出结果: 1   0   -1

2.5.2 字符函数

1. 删除字符串空格函数

【格式】LTRIM| RTRIM|ALLTRIM(<字符表达式>)

【功能】LTRIM( )、RTRIM( )和 ALLTRIM( )函数分别删除字符串左端、右端和两端空格,其中 RTRIM( )也可以写成 TRIM( )。

【例 2.21】   ? "ab"+LTRIM("□□cd□□")+"e"   &&假设用□表示空格
                 ?ALLTRIM("b□")+[c]

输出结果: abcd□□e

         bc

2. 计算字符串长度函数

【格式】LEN(<字符表达式>)

【功能】返回指定字符表达式的长度。

【例 2.22】   ?LEN("ABCDF"),LEN("中国")

输出结果: 5   4

3. 返回位置函数

【格式】AT(<字符串 1>, <字符串 2> ,<数值表达式 N>)

【功能】返回字符串 1 在字符串 2 中第 N 次出现的位置,如不存在则返回 0。如省略 N,则返回第 1 次出现的位置。

【例 2.23】   ?AT("BC","ABC"),AT("B","ABCB",2)

输出结果: 2   4

4. 取子字符串函数

【格式】SUBSTR(<字符表达式>, <数值表达式 N1> [, <数值表达式 N2>])

【功能】返回对字符表达式从 N1 位开始截取出 N2 个字符组成的字符串。如省略 N2,则从 N1 位开始截取到字符串结尾。

【例 2.24】　?SUBSTR("社会经济学",5,4)

输出结果：经济

【格式】LEFT|RIGHT(<字符表达式>, <数值表达式 N>)

【功能】返回从字符串左端或右端开始，连续取 N 位字符所组成的字符串。

【例 2.25】　?LEFT("ABC",2)，RIGHT("ABC",2)

输出结果：AB　　　BC

5. 生成空格函数

【格式】SPACE(<数值表达式>)

【功能】生成若干个空格，空格的个数由数值表达式的值决定。

【例 2.26】　?"中国"+SPACE(3)+"加油"

输出结果：中国□□□加油

6. 大小写转换函数

【格式】UPPER|LOWER(<字符表达式>)

【功能】UPPER()函数将字符串中的大写字母转换成小写，其他字符不变。
　　　　LOWER()函数将字符串中的小写字母转换成大写，其他字符不变。

【例 2.27】　?UPPER("aBC"),LOWER("aBc")

输出结果：ABC　　　　abc

7. 计算子串出现次数函数

【格式】OCCURS(<字符表达式 1>,<字符表达式 2>)

【功能】返回<字符表达式 1>在<字符表达式 2>中出现的次数。

【例 2.28】　? OCCURS("c","abcabcd")

输出结果：2

8. 子串替换函数

【格式】STUFF(<字符表达式 1>,<起始位置>,<长度>,<字符表达式 2>)

【功能】用<字符表达式 2>的值替换<字符表达式 1>中由<起始位置>和<长度>指明的一个子串，返回所形成的新字符串。

【例 2.29】　? STUFF("aBc",2,1, "b")

输出结果：abc

9. 子串匹配函数

【格式】LIKE(<字符表达式 1>,<字符表达式 2>)

【功能】判断两个字符中对应位置的字符是否匹配，若匹配返回逻辑真（.T.），若不匹配则返回逻辑假（.F.）。<字符表达式 1>中可以包含通配符"*"和"？"，"*"可与任何长度字符串相匹配，"？"只能与任何单个字符进行匹配。

【例 2.30】　?LIKE("ab*","abcd"),LIKE("Abc","abc")，LIKE("ab?", "abcd")

输出结果：.T.　　.F.　　.F.

10. 重复输出指定次数的字符函数

【格式】REPLICATE (<字符表达式>,<数值表达式>)

【功能】将字符串表达式重复指定的次数。

【例 2.31】　? REPLICATE ("abc",3)

输出结果：abcabcabc

2.5.3　日期和时间函数

1. 系统当前日期和时间函数

【格式】DATE( )
　　　　TIME( )
　　　　DATETIME( )

【功能】DATE( )函数返回系统当前日期，结果为日期型。
　　　　TIME( )函数返回系统当前时间，结果为字符型。
　　　　DATETIME( ) 函数返回系统当前日期和时间，结果为日期时间型。

【例 2.32】　? DATE( ),TIME( ),DATETIME( )

输出结果：05/01/11　　21:24 :05　　　05/01/11 09:24:05 PM

2. 年份、月份和天数函数

【格式】YEAR(<日期表达式>|<日期时间表达式>)
　　　　MONTH(<日期表达式>|<日期时间表达式>)
　　　　DAY(<日期表达式>|<日期时间表达式>)

【功能】分别返回日期或日期时间中对应的年份、月份和天数，结果为数值型。

【例 2.33】　D={^2011-05-01}
　　　　　　　? YEAR(D), MONTH(D), DAY(D)

输出结果：2011　　　　5　　　　1

2.5.4　数据类型转换函数

1. 字符型函数转换成数值型函数

【格式】VAL(<字符表达式>)

【功能】把符合数字符号规则的字符串部分转换成数值，当遇到非数字符时则舍弃剩余字符，默认四舍五入并保留两位小数。

【例 2.34】　? VAL("23.756"),VAL("2+3")

输出结果：23.76　　　　2.00

2. 数值型函数转换为字符型函数

【格式】STR(<数值表达式 N1>[, <数值表达式 N2> [, <数值表达式 N3>]])

【功能】把 N1 转换成小数位为 N3、总长度为 N2 的字符型数据，省略 N2、N3 时表示不保留小数位，长度默认为 10，如果 N2 和 N3 不能同时满足，则优先保证整数位。

> **注　意** 🔊
>
> 负号和小数点也各占 N2 中一位。

【例 2.35】 ? STR(-3.14159,5,3)，STR(3.14)

输出结果：-3.14　　　3

3. 字符型函数转换成 ASCII 码函数

【格式】 ASC(<字符表达式>)

【功能】 返回字符串中第一个字符的 ASCII 码值。

【例 2.36】 ? ASC("ABC")

输出结果：65

4. ASCII 码函数转换成字符型函数

【格式】 CHR(<数值表达式>)

【例 2.37】 ? CHR(66),CHR(97)

输出结果：B　　　a

5. 字符型函数转换成日期型函数

【格式】 CTOD( )(<字符表达式>)

【功能】 将字符型数据转换成日期型数据。

【例 2.38】 ? CTOD("^2011/05/01")

输出结果：05/01/11

6. 日期型函数转换成字符型函数

【格式】 DTOC( )(<日期表达式>[,1])

【功能】 将日期型数据转换成字符型数据。若选参数 1，结果为 yyyymmdd 格式；缺省可选项时，结果为 mm/dd/yy 格式。

【例 2.39】 ?DTOC({^2011/05/01}),DTOC({^2011/05/01},1)

输出结果：05/01/11　　　20110501

2.5.5　测试函数

1. 值域测试函数

【格式】 BETWEEN (<表达式 1>,<表达式 2> ,<表达式 3>)

【功能】 判断表达式 1 的值是否大于等于表达式 2 的值并且小于等于表达式 3 的值，若是，则返回.T.，否则，返回.F.。

【例 2.40】 ? BETWEEN(5,3,7),BETWEEN("A","X","Y")

输出结果：.T.   .F.

2. 空值测试函数

【格式】ISNULL(<表达式>)

【功能】判断一个表达式的运算结果是否为 NULL 值，若是 NULL 值则返回.T.，否则返回.F.。

【例 2.41】 ? ISNULL(null)

输出结果：.T.

3. "空"测试函数 EMPTY( )

【格式】EMPTY(<表达式>)

【功能】判断一个表达式的运算结果是否为"空"，如果为"空"则返回.T.，否则返回.F.。

【说明】数值 0、逻辑值.F.和空字符串""或任意多个空格字符串"　"都可以理解为"空"。

【例 2.42】 ? EMPTY(0),EMPTY(.F.),EMPTY(""),EMPTY("　")

输出结果：.T.   .T.   .T.   .T.

4. 数据类型测试函数

【格式】VARTYPE (<表达式>)

【功能】以一个大写字母的形式返回表达式的类型。

【例 2.43】 ? VARTYPE (5),VARTYPE ("m"),VARTYPE (DATE())

输出结果：N   C   D

5. 条件测试函数

【格式】IIF(<逻辑表达式>,<表达式 1>,<表达式 2>)

【功能】判断逻辑表达式的值，若为真，函数返回表达式 1；若为假，则返回表达式 2。

【例 2.44】 ? IIF(3<4,"正确","错误"),IIF(3>4,"正确","错误")

输出结果：正确 错误

6. 表文件尾测试函数

【格式】EOF(工作区号|表别名)

【功能】测试指定表文件中的记录指针是否指向文件尾，指向文件尾返回.T.，否则返回.F.。

7. 表文件头测试函数

【格式】BOF(工作区号|表别名)

【功能】测试指定表文件中的记录指针是否指向文件首，指向文件首返回.T.，否则返回.F.。

8. 记录号测试函数

【格式】RECNO(工作区号|表别名)

【功能】返回指定表文件中当前记录的记录号，返回值是一个整型数据。

9. 记录个数测试函数

【格式】RECCOUNT(工作区号|表别名)

【功能】返回指定表文件中的记录个数，返回值是一个整型数据。

10. 记录删除测试函数

【格式】DELETED(工作区号|表别名)

【功能】测试指定表文件中当前记录是否有删除标记，有删除标记返回.T.，否则返回.F.。

11. 查找是否成功测试函数

【格式】FOUND(工作区号|表别名)

【功能】如果 LOCATE/CONTINUE、SEEK 等查找记录的命令按照条件查找成功（即找到了记录），该函数返回.T.，否则返回.F.。

2.5.6　其他函数

1. 宏替换函数

【格式】&<字符型内变量>[.字符表达式]

【功能】用字符型内存变量的值去替换"&"和字符型内存变量。[.字符表达式]用来将替换之后的内容与字符表达式连接。

【例 2.45】　　　m=3

　　　　　　　　n="m+2"

　　　　　　　　?n,&n

输出结果：m+2　　5

2. 显示信息对话框函数

【格式】MESSAGEBOX(<提示信息>[,<数值表达式>][,<标题文本>])

【功能】以对话框形式显示信息，返回选取按钮的对应数值。

【说明】

（1）<提示信息>：指定在对话框中显示的文本。

（2）<数值表达式>：指定对话框中的按钮、图标和显示对话框时的默认按钮。这里只介绍对话框中的按钮，如表 2-11 所示，缺省时只显示"确定"按钮。

（3）<标题文本>指定对话框标题栏中的文本。若省略，标题栏中将显示"Microsoft Visual FoxPro"。

（4）MESSAGEBOX()的返回值标明选取了对话框中的哪个按钮。选择"确定"按钮返回值 1，选择"取消"按钮返回值 2，选择"放弃"按钮返回值 3，选择"重试"按钮返回值 4，选择"忽略"按钮返回值 5，选择"是"按钮返回值 6，选择"否"按钮返回值 7。

表 2-11　对话框中的按钮

数值 表达式	对话框按钮	数值 表达式	对话框按钮
0	"确定"按钮	3	"是"、"否"和"取消"按钮
1	"确定"和"取消"按钮	4	"是"和"否"按钮
2	"终止"、"重试"和"忽略"按钮	5	"重试"和"取消"按钮

【例 2.46】　　X=MESSAGEBOX("是否继续查找！",1,"查找")
　　　　　　　　?X

运行效果如图 2-4 所示。

图 2-4　运行效果

如果单击"取消"按钮，X 变量的值是 2。

2.6　本 章 小 结

本章主要介绍了常量、变量、表达式和函数四个概念及其各种数据类型的运算。常量和变量是数据处理的基本对象，表达式和函数则体现出计算机数据处理的强大功能。

2.7　习　　题

一、选择题

1. 以下日期值正确的是_____。
   A．{"2011-05-25"}　　　　　　　　B．{^2011-05-25}
   C．{2011-05-25}　　　　　　　　　D．{[2011-0525]}
2. 在下面的 Visual FoxPro 表达式中，不正确的是_____。
   A．{^2011-05-01 10:10:10AM}-10
   B．{^2011-05-01}-DATE()
   C．{^2011-05-01}+DATE()
   D．{^2011-05-01}+1000

3. 在下面的 Visual FoxPro 表达式中，运算结果是逻辑真的是_____。

  A．EMPTY(.NULL.)   B．LIKE("abc", "ac? ")

  C．AT("a", "123abc")   D．EMPTY(SPACE(2))

4. 设 D=5>6，命令"? VARTYPE(D)"的输出值是_____。

  A．L   B．C   C．N   D．D

5. 在下列函数中，函数值为数值的是_____。

  A．BOF( )

  B．CTOD("01/01/11")

  C．AT("人民", "中华人民共和国")

  D．SUBSTR(DTOC(DATE( )),7)

6. 设 N=886，M=345，K= "M+N"，表达式 1+&K 的值是_____。

  A．1232   B．数据类型不匹配

  C．1+M+N   D．346

7. 表达式 VAL(SUBS("奔腾 586",5,1))* LEN("Visual FoxPro")的结果是_____。

  A．63.00 B．64.00 C．65.00 D.66.00

8. 连续执行以下命令之后，最后一条命令的输出结果是_____。

```
SET EXACT OFF
X="A"
? IIF("A"=X,X-"BCD",X+"BCD")
```

  A．A   B．BCD   C．ABCD   D.A□BCD

二、填空题

1. 命令? ROUND(337.2007,3)的执行结果是_____。

2. 命令? LEN("THIS IS MY BOOK")的执行结果是_____。

3. TIME( )返回值的数据类型是_____。

4. 顺序执行下列操作后，屏幕最后显示的结果是_____和_____。

```
Y=DATE ( )
H=DTOC ( Y)
? VARTYPE(Y),  VARTYPE(H)
```

5. 表达式-23%5 的值是_____。

三、思考题

1. Visual FoxPro 有哪几种数据类型？

2. 什么是内存变量？什么是字段变量？

3. 如何定义数组？如何为数组赋值？

4. 表达式运算的优先级是如何规定的？

5. 空值（NULL）的含义是什么？

第 3 章　数据库与数据表

学习目标

● 掌握数据库的建立和操作方法。
● 掌握数据表建立及表记录的操作方法。
● 掌握索引的建立和数据完整性。

数据库是数据库管理系统的重要组成部分，是以一定组织方式存储在一起的相关数据的集合。在关系型数据库管理系统中，系统是以数据表的形式存储和管理数据的，因此数据库是表的集合，它不仅可以管理数据，还可以管理数据之间的联系。把几个表组织到一个数据库中，可以减少数据的冗余度，保护数据的完整性。

3.1　数据库的创建与操作

数据库是存储数据的仓库，一个数据库可以包含多个扩展名为.DBF 的表。建立数据库就是建立一个扩展名为.DBC 的文件，同时自动建立一个扩展名为.DCT 的数据库备注文件和一个扩展名为.DCX 的数据库索引文件。

3.1.1　创建数据库

创建数据库的基本操作是先创建一个空数据库，以后可以在空数据库中创建数据表或添加已创建的表。创建数据库通常使用"文件"菜单中的"新建"命令。

【例 3.1】　建立"教学"数据库。

选择"文件"→"新建"命令，打开"新建"对话框，如图 3-1 所示。选择"数据库"单选按钮，单击"新建文件"按钮，打开"创建"对话框，如图 3-2 所示。输入数据库名"教学.dbc"，选择保存位置，单击"保存"按钮，建立一个空数据库并打开数据库设计器窗口，如图 3-3 所示。

3.1.2　打开和关闭数据库

1. 打开数据库

对数据库及数据库中的表进行操作前，应先打开数据库。

选择"文件"→"打开"命令，打开"打开"对话框，如图 3-4 所示。选择文件类型"数据库（*.dbc）"，选中要打开的数据库文件，单击"确定"按钮，打开相应的数据库。

图 3-1　"新建"对话框

图 3-2　"创建"对话框

图 3-3　"数据库设计器"窗口

图 3-4　"打开"对话框

若选择"以只读方式打开"复选框,则打开的数据库不能被修改,默认的打开方式是读写方式;若选择"独占"复选框,则不允许其他用户同时使用该数据库,默认为共享方式。

2. 关闭数据库

数据库使用完之后要及时关闭，关闭数据库需要使用 CLOSE DATABASE 命令完成。

3.1.3 修改数据库

修改数据库实际上是打开数据库设计器，在数据库设计器中完成各种数据对象的建立、修改和删除等操作。利用菜单打开数据库后会自动打开数据库设计器，然后可以对数据库进行修改。

3.1.4 有关数据库的基本操作命令

1. 创建数据库

【格式】CREATE DATABASE [<数据库名>|?]

【说明】如果不指定数据库名或输入 "?"，系统会弹出 "创建" 对话框，请用户输入数据库名。

【例 3.2】 通过命令方式建立 "教学" 数据库。

```
CREATE  DATABASE  教学
```

2. 打开数据库

【格式】OPEN DATABASE <数据库文件名>

【例 3.3】 通过命令方式打开 "教学" 数据库。

```
OPEN DATABASE 教学
```

3. 关闭数据库

【格式】CLOSE DATABASE

【功能】关闭当前打开的数据库和数据表。

3.2　数据库表的建立与操作

在 Visual FoxPro 中，根据数据表是否属于数据库，将数据表分为数据库表和自由表。属于某一数据库的表称为数据库表，不属于任何数据库的表称为自由表。如果在建立表时数据库是打开的，则建立的表为数据库表；如果数据库是关闭的，则建立的表为自由表。

3.2.1 设计表结构

用户在日常工作、学习和生活中经常用到二维表格。如在表 3-1 所示的学生表中，每一列称为一个字段，第一行中的每一项是相应的字段名，表中的所有字段构成了表结构，第一行以下的每一行称为一条记录。

表 3-1　学生表

学号	姓名	性别	民族	出生日期	专业	入学成绩	简历	照片
11010001	王欣	女	汉	1992-10-11	外语	525		
11010002	张美芳	女	苗	1993-07-01	外语	510		
11010003	杨永丰	男	汉	1991-12-15	外语	508		
11060001	周军	男	汉	1993-05-10	物理	485		
11060002	孙志奇	男	苗	1992-06-11	物理	478		
11060003	胡丽梅	女	汉	1992-01-12	物理	478		
11060004	李丹阳	女	汉	1992-02-15	物理	470		
11080001	郑志	男	壮	1993-05-10	计算机	510		
11080002	赵海军	男	藏	1992-08-01	计算机	479		

设计表结构主要是设计表中各字段属性，包括字段名、字段类型、字段宽度、小数位数、是否允许为空值和是否建立索引等。根据表 3-1 建立一个 Visual FoxPro 系统的数据表，它的表结构定义见表 3-2。

表 3-2　"学生"表结构

字段名	类型	宽度	小数位	索引	NULL
学号	字符型	8			
姓名	字符型	8			
性别	字符型	2			
民族	字符型	2			
出生日期	日期型	8			
专业	字符型	10			
入学成绩	数值型	4	0		
个人简历	备注型	4			
照片	通用型	4			

3.2.2　建立表结构

在 Visual FoxPro 中，常在"表设计器"中建立表结构。"表设计器"是 Visual FoxPro 提供的建立和修改表结构的工具。本节以建立"教学"数据库中的"学生"表结构为实例。

【例 3.4】　在"教学"数据库中创建如表 3-2 所示的"学生"表的表结构。

操作步骤如下：

1）打开"教学"数据库

使用"文件"菜单中的"打开"命令完成。

2）打开"表设计器"对话框

在"数据库设计器"窗口中，选择"文件"→"新建"命令（或选择"数据库"→"新建表"命令），打开"新建"对话框。在"文件类型"选项组中选择"表"，单击"新建文件"按钮，打开"创建"对话框，选择保存位置，输入表名"学生"，单击"保存"按钮，打开"表设计器"对话框，如图 3-5 所示。

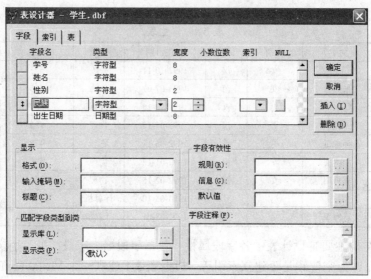

图 3-5　"表设计器"对话框

3）定义字段的属性

在"表设计器"对话框中输入各字段的字段名、类型、宽度和小数位数等属性。

（1）字段名：字段名即关系的属性名或表的列名，一个表由若干列（字段）组成，每个列必须有一个唯一的名字，即字段名，可以通过字段名引用表中的数据。字段名的命名规则如下：

● 字段名必须以字母或汉字开头，由字母、汉字、数字及下划线组成。
● 自由表的字段名最多由 10 个字符组成。
● 数据库表支持长字段名，最多可达 128 个字符。

（2）字段类型和宽度：字段的数据类型决定存储在字段中值的数据类型，字段宽度指该字段所能容纳数据的最大字节数。Visual FoxPro 提供了 13 种字段类型，见表 2-1。

（3）小数位：对于数值型和浮点型字段需要设置小数位数，字段宽度是符号位、整数位数、小数点和小数位数的总长度。

（4）NULL 值（空值）：在设计表结构时，可指定某个字段是否接受 NULL 值。NULL值是指没有值或没有确定的值。NULL 值不等于零或空格，例如：把某一商品的价格设置为空值，表示该商品暂无定价；而把某一商品的价格设置为 0，表示该商品免费。

（5）字段的有效性规则："字段有效性"设置是对一个字段的约束，用于检验用户输入到某个字段中的数据是否有效。一旦输入了与字段有效性验证规则不相符的字段值时，系统会立即报错，并且阻止该值的输入。

● 规则：用于设置对字段输入数据的有效性进行检查的条件，规则是一个逻辑表达式，结果为真或假。
● 信息：用于设置当输入值不符合规则时，显示的错误提示信息。

 注　意

在"信息"框中输入的错误信息必须加定界符。

● 默认值：用于设置向表中输入记录时，该字段的初始值。默认值的数据类型取决于该字段的类型，如该字段为字符型，则默认值必须加定界符。

【例 3.5】　为"学生"表"性别"字段设置有效性规则："性别"字段只能输入"男"或"女"，如果输入其他字符，系统则提示"性别只能为男或女"。新增表记录时，默认性别值为"男"。

在"学生"表设计器对话框中，选择"字段"选项卡，选择"性别"字段，设置字段有效性规则，如图 3-6 所示，"规则"文本框输入：性别\$"男或女"，"信息"文本框输入："性别只能为男或女"，"默认"文本框输入："男"。

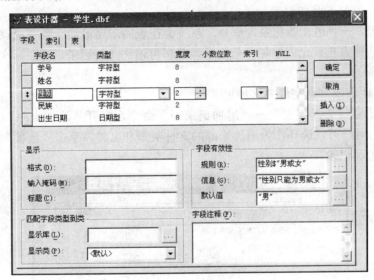

图 3-6　设置字段有效性规则

1）表设计器中各按钮功能
● 字段名前的方框：拖动字段名前的方框⬍，可调整字段的先后顺序。
● "插入"按钮：单击此按钮，将在当前字段前插入一个空白字段。
● "删除"按钮：单击此按钮，将删除当前字段。

2）完成表结构建立

单击"确定"按钮，系统提示"现在输入数据记录吗？"，此例单击"否"按钮，结束表结构的建立。

Visual FoxPro 中表文件的扩展名为.DBF，如果表中包含了备注型或通用型字段，系统还将创建与表相关的.FPT 文件（备注文件）。

3.2.3　输入记录

表结构创建完成后，就可以向表中输入记录了，向表中输入记录常用以下几种方法。

1. 创建表结构时立即输入记录

在创建表时，当表中所有字段的属性定义完成后，单击"确定"按钮，将保存表结构并打开"现在输入数据记录吗？"对话框。单击"是"按钮，打开输入记录窗口，进入表"浏览"或表"编辑"窗口，在该窗口中完成表中数据的输入。

2. 追加记录

若在建立表结构时没有立即输入记录或未将记录输入完毕，可在以后任何时候向表中追加记录。在表的"浏览"或"编辑"窗口中，可用以下三种方式追加记录。

1）"显示"菜单下追加记录

选择"显示"→"追加方式"命令，系统会在表的末尾追加一条空记录，并显示一个输入框。当输入完一条记录后，系统自动追加下一条记录。

2）"表"菜单下追加记录

选择"表"→"追加新记录"命令，系统会在表的末尾追加一条空记录，并显示一个输入框。这种方式只允许追加一条记录，若想再追加一条记录，需要再次选择"追加新记录"命令。

3）从其他表或数据文件中追加记录

在表浏览窗口选择"表"→"追加记录…"命令，打开"追加来源"对话框，如图 3-7 所示。用户可以选择作为追加来源的文件类型和文件，单击"选项"按钮可指定要追加的字段和记录。

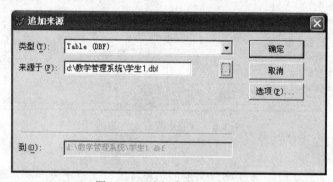

图 3-7   "追加来源"对话框

【例 3.6】   用追加记录方式，向"学生"表中输入如表 3-1 所示的记录。

1）打开表浏览窗口，输入表记录

在数据库设计器中选中"学生"表，选择"显示"→"浏览"命令，打开"学生"表记录浏览窗口，此时窗口界面只处于显示状态，要想向其中输入记录，可选择"显示"→"追加方式"命令，逐条输入"学生"表中除备注型和通用型字段以外的记录，如图 3-8 所示。输入记录时，当输入的内容填满一个字段的宽度时，光标会自动跳到下一个字段；输入的内容不足一个字段宽度时，可用<Tab>键或按<Enter>键将光标移到下一个字段。也可以在"浏览"窗口选择"显示"→"编辑"命令，打开"学生"表编辑窗口输入记录，如图 3-9 所示。两种窗口模式可根据用户需要随时进行切换。

2）备注型和通用型字段的输入

备注型字段存放长度不定的文本，最大容量可达 64KB。通用型字段常用于存储 OLE 对象，如图像、声音、字处理文档或电子表格等。备注型和通用型字段不能在窗口直接输入内容。

图 3-8　"学生"表浏览窗口　　　　　　　　图 3-9　"学生"表编辑窗口

备注型字段输入方法如下：双击备注型字段 memo 处，打开文本编辑窗口，如图 3-10 所示。输入学生个人简历信息后，单击"关闭"按钮，关闭当前窗口并存盘。若不想保存输入或修改的内容，则按<Esc>键退出该窗口。输入数据后，有值的备注型字段标记由 memo 变为 Memo。

图 3-10　备注型字段编辑窗口

通用型字段 OLE 输入方法如下：双击通用型字段 gen 处，打开数据编辑窗口，选择"编辑"→"插入对象"命令，打开"插入对象"对话框，如图 3-11 所示。在此窗口中选择"新建"或"由文件创建"选项进行文件的创建，本例选择"由文件创建"按钮，单击"浏览"按钮，选择要插入的图片文件，单击"确定"按钮，所选对象就被插入到通用型字段中了，如图 3-12 所示。插入对象后，通用型字段的标记由 gen 变为 Gen。

所有记录输入完后，关闭浏览窗口，或按<Ctrl+W>组合键退出浏览窗口，输入的记录被保存在表文件中。若按 Esc 键或<Ctrl+Q>组合键，则放弃当前输入。

备注型或通用型内容保存在扩展名为.FPT 的备注文件中。

图 3-11　"插入对象"窗口

图 3-12　插入图片后的通用型字段窗口

【例 3.7】　在"教学"数据库中建立如图 3-13 所示的"教师"表和如图 3-14 所示的"课程"表。

教师表的结构如下：

教师(教师号 C(6),姓名 C(8),性别 C(2),职称 C(6),党员否 L,年龄 N(2))

课程表的结构如下：

课程(课程号 C(4),课程名 C(20),教师号 C(6),学时 N(3),学分 N(3))

教师号	姓名	性别	职称	党员否	年龄
230001	王平	女	讲师	T	32
230002	赵子华	男	副教授	T	35
230003	陈小丹	女	教授	T	40
280001	徐建军	男	教授	F	46
260002	刘海宇	男	助教	F	29
280002	孙大山	男	副教授	T	35
250001	高玉	女	副教授	T	32
230004	宋宇	男	助教	T	27

图 3-13　"教师"表记录

课程号	课程名	教师号	学时	学分
001	大学计算机基础	230001	60	4
002	高级语言程序设计VB	230002	72	4
003	多媒体技术	230001	45	3
004	大学体育	250001	30	1
005	大学英语	260002	60	4
006	马克思主义基本原理	280001	45	3

图 3-14　"课程"表记录

操作方法如下：

1）使用快捷菜单创建"教师"表

打开"教学"数据库，右击数据库设计器的任意空白处，在弹出的如图 3-15 所示的快捷菜单中选择"新建表"命令，打开"表设计器"对话框，建立"教师"表结构，输入记录。

2）使用数据库菜单创建"课程"表

在如图 3-16 所示的"教学"数据库设计器中，选择"数据库"→"新建表"命令，打开"表设计器"对话框，建立"课程"表结构，输入记录。

图 3-15　数据库设计器快捷菜单

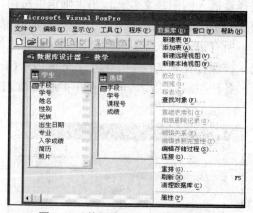

图 3-16　数据库设计器数据库菜单

3.3　数据库表的操作

3.3.1　打开表

在使用数据表前，首先要打开表文件。选择"文件"→"打开"命令，打开"打开"对话框，如图 3-17 所示。选择文件类型"表（*.dbf）"，选中要打开的表文件，单击"确定"按钮。

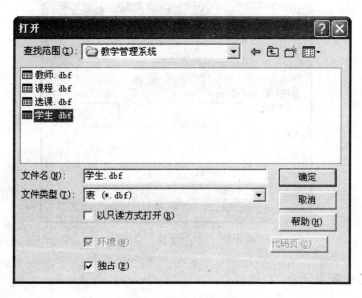

图 3-17　"打开"对话框

3.3.2　浏览表记录

在 Visual FoxPro 中对数据表进行维护的最简单、方便的方法是使用表浏览窗口。打开一个表后，选择"显示"→"浏览"命令可以打开表浏览窗口。在表浏览窗口，可以浏览当前表中的记录，用户根据需要可以改变窗口的列宽和行高，调整字段顺序等。

3.3.3　修改表记录

在表浏览窗口，将光标定位在需要修改的记录和字段值上，直接输入新值可修改表中记录的值。如果表中有大量数据需要有规律地修改，可以使用"表"菜单中的"替换字段"命令。

【例 3.8】　将"教师"表中所有教师的年龄增加 1 岁。

（1）打开"教师"表。

（2）选择"显示"→"浏览"命令，打开"浏览"窗口。

（3）选择"表"→"替换字段"命令，打开"替换字段"对话框，输入相应的内容，如图 3-18 所示。

● 字段(D)：选择要替换的字段。本例中选择"年龄"字段。

● 替换为：要替换的表达式。本例中为"年龄+1"。

● 作用范围(S)：用于限定操作的记录范围。本例中选 ALL，对当前表中所有记录操作。

● For：对指定范围内所有满足条件的记录进行操作。

● While：在指定范围内按顺序对满足条件的记录操作，直到遇到第一个不满足条件的记录为止。

（4）单击"替换"按钮。

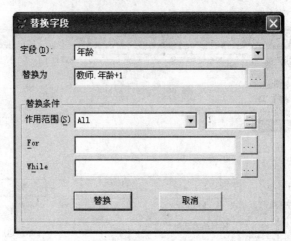

图 3-18 "替换字段"对话框

3.3.4 删除与恢复表记录

表中无用的记录可以删除，Visual FoxPro 中记录的删除分为逻辑删除和物理删除两种，逻辑删除可以恢复，物理删除不能恢复。

1. 记录的逻辑删除

逻辑删除记录是指在要删除的记录前添加一个黑色的删除标记，并不真正删除记录。

【例 3.9】 逻辑删除"学生"表中的部分记录。

（1）打开"学生"表。

（2）选择"显示"→"浏览"命令，打开"浏览"窗口。

（3）单击记录左边的空白方框，即可加上一个黑色的删除标记，如图 3-19 所示。用此方法可以给多条记录添加删除标记。

【例 3.10】 逻辑删除"学生"表中性别为"男"的记录。

（1）打开"学生"表，选择"显示"→"浏览"命令，打开"浏览"窗口。

（2）选择"表"→"删除记录"命令，打开"删除"对话框，在对话框中输入相应内容，如图 3-20 所示。

（3）单击"删除"按钮，系统将在性别为"男"的记录前添加删除标记。

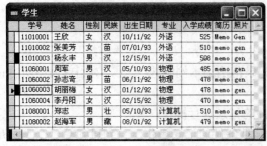

图 3-19 给记录添加删除标记

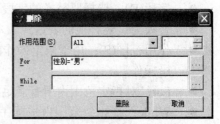

图 3-20 "删除"对话框

2．记录的恢复

加了逻辑删除标记的记录并没有被真正删除，取消删除标记就可以恢复被逻辑删除的记录。

在浏览窗口中，单击黑色的删除标记，即可取消删除标记。若要恢复一组记录，可以通过"表"菜单中的"恢复记录"命令来完成。

3．记录的物理删除

物理删除就是把逻辑删除的记录彻底从磁盘上删除，释放磁盘空间。物理删除可以通过"表"菜单中的"彻底删除"命令来完成。

3.3.5　记录指针定位

Visual FoxPro 为每个表设置了一个记录指针，记录指针指向的记录，称为当前记录。打开表时，记录指针自动指向第一条记录。记录指针的定位就是将记录指针移到某个记录上，使其成为当前记录。

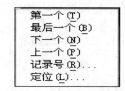

图 3-21　"转到记录"子菜单

打开表记录的"浏览"窗口，当前记录前有一个黑三角标志▶。通过移动光标或鼠标单击任意记录可以改变记录的位置。也可以选择"表"→"转到记录"命令，打开"转到记录"的子菜单，如图 3-21 所示。选择相应的选项，实现记录指针的定位。

3.3.6　关闭表

表使用完后，为防止数据丢失，必须及时关闭。方法如下：

（1）选择"窗口"→"数据工作期"命令，打开"数据工作期"对话框，如图 3-22 所示。

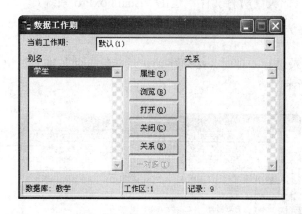

图 3-22　"数据工作期"对话框

（2）在"别名"列表框内，选择需要关闭的表名，如选"学生"表。

（3）单击"关闭"按钮，关闭该表。

3.3.7　有关数据表的基本操作命令

1．建立表结构

【格式】CREATE [<表文件名>|?]
【功能】调用表设计器，创建一个新表。

2．修改表结构

【格式】MODIFY　STRUCTURE
【功能】打开当前表的"表设计器"对话框，可对表结构进行修改。
【说明】当字段宽度改小时，如果该字段为字符型，则超出字段宽度的字符会丢失；如果该字段为数值型，则会溢出，这时在表的浏览窗口看到的是几个"*"号，并且丢失的字符或数字不能通过将字段改为原有长度而恢复。

3．打开和关闭表

1）打开表
【格式】USE <表文件名>|?
【功能】打开指定的表文件。若该表含有备注型或通用型字段，则自动打开同名的FPT 文件。
【例 3.11】　使用命令打开 D 盘"教学管理系统"文件夹中的"学生"表。

```
USE D:\教学管理系统\学生
```

2）关闭表
【格式 1】USE：关闭当前打开的表。
【格式 2】CLOSE ALL：关闭所有打开的文件。
【格式 3】QUIT：关闭所有文件，退出 Visual FoxPro 系统。

4．记录指针定位

对表中某条记录进行处理时，必须移动记录指针，使其指向该记录。记录指针的移动范围如图 3-23 所示。

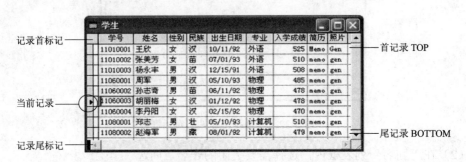

图 3-23　记录指针的移动范围

【说明】

（1）记录首标记：指向表文件第一条记录的前面，此时 BOF( )的值为.T.。

（2）记录尾标记：指向表文件最后一条记录的后面，此时 EOF( )的值为.T.。

1）直接定位

【格式】GO|GOTO <记录号>|TOP|BOTTOM

【功能】将记录指针定位于指定的记录。

2）相对定位

【格式】SKIP [<数值表达式>]

【功能】将记录指针从当前记录向上或向下移动若干个记录。

【说明】<数值表达式>的值表示记录指针移动的相对记录数，值为正数时，记录指针向下移动；值为负数时，记录指针向上移动；缺省时，记录指针向下移动 1 个记录位置。

【例 3.12】　打开"学生"表，在"命令"窗口输入命令，在主窗口观察记录指针的变化，如图 3-24 所示。

3）条件定位

（1）顺序查询命令 LOCATE：

【格式】LOCATE [<范围>][FOR <条件>]

【功能】在指定的范围内，按记录的顺序从上向下查找满足条件的第一条记录。

【说明】<范围>：缺省时为 ALL。

LOCATE 命令查找到满足条件的第一条记录时，就结束查找并将记录指针指向该记录，此时 FOUND()函数的返回值为.T.，EOF()函数的返回值为.F.。如果没有查找到满足条件的记录，则记录指针指向"范围"尾记录。若范围为 ALL，则记录指针指向文件尾部，此时函数 FOUND()的返回值为.F.，函数 EOF()的返回值为.T.。

（2）继续查找命令 CONTINUE：

【格式】CONTINUE

【功能】与 LOCATE 命令连用，用于继续查找满足条件的下一条记录。

【例 3.13】　在"学生"表中查询性别为"女"，专业为"外语"的学生记录。

```
USE 学生
LOCATE FOR 性别= "女" .AND. 专业="外语"
?FOUND()
DISPLAY 学号,姓名,性别,入学成绩
CONTINUE
?FOUND()
DISPLAY 学号,姓名,性别,入学成绩
CONTINUE
?FOUND()
```

命令执行后，显示结果如图 3-25 所示。

5. 显示表记录

【格式】LIST|DISPLAY [<范围>] [[FIELDS]<字段名表>][FOR <条件>]

图 3-24　记录指针的变化

图 3-25　例 3.13 显示结果

【功能】显示当前表中的内容。若没有范围选项，LIST 命令显示全部记录，DISPLAY 命令显示当前一条记录。

【例 3.14】　学生表共有九条记录，显示第一条和后三条记录。

```
USE 学生
DISPLAY
GO 7
LIST REST
```

显示结果如图 3-26 所示。

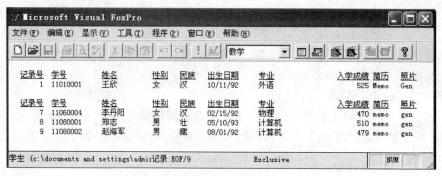

图 3-26　LIST 和 DISPLAY 命令显示结果

6. 修改表记录

【格式】

REPLACE [范围]<字段名 1>WITH<表达式 1>;

[,<字段名 2>WITH<表达式 2>,…][FOR<条件表达式>]

【功能】在指定范围内满足条件的记录中，用表达式的值替换对应的字段值。缺省 <范围>时，默认对当前记录操作。

【例 3.15】　将"学生"表中所有性别为"女"的入学成绩增加 10 分。

```
USE 学生
REPLACE ALL 入学成绩 WITH 入学成绩+10 FOR 性别="女"
```

7. 追加和插入表记录

每次追加记录前，首先要打开表，然后可以采用如下两种命令方式输入数据。

1）追加记录

【格式 1】APPEND [BLANK]

【功能】向打开的表文件末尾添加新记录。

【说明】BLANK 子句表示在表的末尾追加一条空白记录，记录内容可用 EDIT 或 BROWSE 等命令输入。

【格式 2】APPEND FROM <表文件名|?> [FIELDS <字段名表>] [FOR <条件>]

【功能】从指定的表文件中读取数据并追加到当前表文件的末尾。

【说明】<表文件名>为提供数据的表名，而当前打开的数据表为被追加的数据表。

【例 3.16】 现有一个空表"学生 1"，其表结构与"学生"表结构相同，要求将"学生"表的记录追加到"学生 1"表中。

```
USE 学生1
APPEND FROM 学生
LIST
```

2）插入记录

【格式】INSERT [BEFORE] [BLANK]

【功能】在当前表中插入一条新记录。

【说明】

（1）BEFORE：在当前记录前插入新记录，缺省此项，则在当前记录之后插入新记录。

（2）BLANK：插入一条空白记录，可用 EDIT、BROWSE 等命令添加内容。

【例 3.17】 在学生表第 4 条记录前插入一条新记录。

```
USE 学生
GO 3    &&记录指针指向第 3 条记录
INSERT
```

在"命令"窗口执行上述命令后，屏幕上弹出输入记录编辑窗口，用户可输入新记录。

8. 复制表记录

【格式】COPY TO <表文件名> [FIELDS <字段名表>] [<范围>][FOR <条件>]

【功能】将当前数据表中指定范围内满足条件的记录复制到指定的表文件中。

【说明】FIELDS <字段名表>：复制字段名表中给出字段的记录。

【例 3.18】 复制一个与"学生"表完全一样的新表"学生 2.DBF"。

```
USE 学生
COPY TO 学生2
```

9. 删除表记录

1）逻辑删除

【格式】DELETE [范围] [FOR<条件表达式>]

【例 3.19】　用 DELETE 命令逻辑删除"学生"表中性别为"男"的记录。

```
USE 学生
DELETE FOR 性别="男"
LIST
```

显示结果如图 3-27 所示，带"*"的记录为逻辑删除记录。

记录号	学号	姓名	性别	民族	出生日期	专业	入学成绩	简历	照片
1	11010001	王欣	女	汉	10/11/92	外语	525	Memo	Gen
2	11010002	张美芳	女	苗	07/01/93	外语	510	memo	gen
3	*11010003	杨永丰	男	汉	12/15/91	外语	508	memo	gen
4	*11060001	周军	男	汉	05/10/93	物理	485	memo	gen
5	*11060002	孙志奇	男	苗	06/11/92	物理	478	memo	gen
6	11060003	胡丽梅	女	汉	01/12/92	物理	478	memo	gen
7	11060004	李丹阳	女	汉	02/15/92	物理	470	memo	gen
8	*11080001	郑志	男	壮	05/10/93	计算机	510	memo	gen
9	*11080002	赵海军	男	藏	08/01/92	计算机	479	memo	gen

图 3-27　逻辑删除后记录

2）恢复逻辑删除记录

恢复逻辑删除记录是将逻辑删除记录恢复为正常记录，即去掉删除标记"*"。

【格式】RECALL [<范围>][FOR <条件表达式>]

【功能】取消指定范围内满足条件记录的删除标记。

【说明】缺省<范围>和<条件>时，只取消当前记录的删除标记。

【例 3.20】　恢复"学生"表中加删除标记的记录。

```
USE 学生
RECALL ALL
```

3）物理删除记录

物理删除记录是将当前表文件中被逻辑删除的记录全部彻底删除。

【格式】PACK

【功能】将所有带删除标记的记录彻底删除。

【说明】彻底删除后，记录将不能恢复，使用此命令要十分小心。

【例 3.21】　物理删除"学生"表中入学成绩小于 500 分的记录。

```
USE 学生
DELETE FOR 入学成绩<500
LIST
PACK
LIST
```

4）一次性删除所有记录

【格式】ZAP

【功能】将当前表中的记录全部彻底删除。

3.4　表 的 索 引

　　表文件中的记录通常是按其输入先后顺序排列存放的，因此，表中记录的排列是没有规则的。使用索引技术可以使表记录按照一定的顺序排列，以提高数据的查找效率。

　　索引是按照表文件中某个关键字段或表达式，以升序或降序的排列方式对表中的记录进行逻辑排序，它不改变表中数据的物理顺序，而是另外建立一个索引文件。索引文件是一个指针文件，由记录号、源表文件中提取的索引表达式值和链接指针等组成。索引文件只是表文件的附属文件，必须同原数据表一起使用。

3.4.1　索引的类型

　　Visual FoxPro 中的索引分为主索引、候选索引、唯一索引和普通索引四种类型。

　　1）主索引

　　主索引是在指定字段或表达式中不允许出现重复值也不允许为空值的索引，只能在数据库表中建立。建立主索引的字段称为主关键字，一个表只能创建一个主索引。如果某个表有多个字段不允许出现重复值，只能为一个字段建立主索引，为其他字段建立候选索引。

　　2）候选索引

　　候选索引和主索引具有相同的特性，即在指定的字段或表达式中不允许出现重复值，也不允许为空值。候选索引在数据库表和自由表中都可以建立，一个表可以建立多个候选索引。

　　3）唯一索引

　　唯一索引是允许指定的字段或表达式存在重复值的索引，但重复值在索引文件中只出现一次，即只保留第一次出现的重复值，一个表可以建立多个唯一索引。

　　4）普通索引

　　普通索引允许指定的字段或表达式存在重复，并且索引文件中也允许出现重复值，一个表可以建立多个普通索引。

3.4.2　索引文件

　　Visual FoxPro 中的索引文件分为单索引文件（.IDX）和复合索引文件（.CDX）两类。

　　1）单索引文件

　　单索引文件是根据一个关键字或关键字表达式建立的索引文件，其扩展名为.IDX。单索引文件不会随表的打开而打开。

　　2）复合索引文件

　　复合索引文件可以包含多个索引，每个索引与单索引文件类似，有一个特殊的索引标识名，用户可以利用标识名来区分和使用索引。复合索引文件的扩展名为.CDX，在"表设计器"中建立的索引保存在复合索引文件中。

3.4.3 建立索引

【例 3.22】 在"教学"数据库的"学生"表中，按"学号"字段升序建立主索引，按"出生日期"字段降序建立普通索引，索引名和索引表达式相同。

（1）打开"教学"数据库，右击"学生"表，在弹出的快捷菜中选择"修改"命令，打开"表设计器"对话框，如图 3-28 所示。

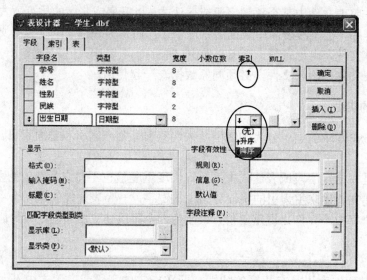

图 3-28　表设计器"字段"选项卡

（2）在"字段"选项卡下单击"学号"字段，设置索引标记为升序；单击"出生日期"字段，设置索引标记为降序。

注　意

在"字段"选项卡下建立的索引默认是普通索引。

（3）切换到"索引"选项卡，设置"学号"字段的索引类型为"主索引"，"出生日期"字段的索引类型为"普通索引"，如图 3-29 所示。

"索引"选项卡中各选项的含义如下。

- 移动按钮：位于选项卡左列，鼠标上下拖动可调整索引的排列次序。
- 排序按钮或：指定索引按降序或升序排列。单击按钮可在两种状态间切换。
- 索引名：给建立的索引命名，系统默认的索引名与字段名同名。
- 表达式：系统默认表达式为字段名，如果要建立多字段索引，单击表达式文本框右侧的生成器按钮，在弹出的"表达式生成器"对话框中创建表达式。
- 筛选：允许输入一个筛选表达式，为该索引记录指定一个筛选条件。
- 插入和删除按钮：在选中的字段前插入一个新索引或删除选中的索引。

（4）单击"确定"按钮，完成建立索引操作，生成文件名为"学生.CDX"的结构复合索引文件。

打开"教学"数据库设计器，可以看到"学生"表中列出了新建的索引"学号"和"出生日期"，如图 3-30 所示。"学号"索引名前有钥匙符号，表明是主索引。

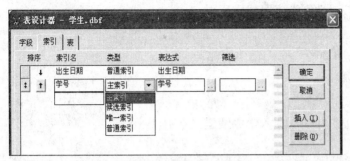

图 3-29　表设计器"索引"选项卡　　　　　　　图 3-30　建立索引的学生表

【例 3.23】　在"教学"数据库的"学生"表中，按"性别"+"出生日期"字段的升序建立普通索引，索引名为 sdate。

（1）打开"学生"表设计器，切换到"索引"选项卡界面。

（2）在"索引名"文本框中输入索引名"sdate"。

（3）从索引"类型"下拉列表框中选择"普通索引"。

（4）在"表达式"文本框中输入表达式"性别+dtoc(出生日期)"，如图 3-31 所示。最后，单击"确定"按钮。

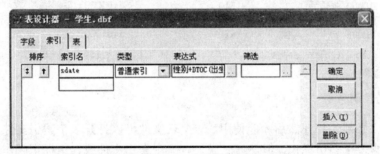

图 3-31　表设计器"索引"选项卡界面

3.4.4　和索引操作相关的命令

1．建立索引文件

【格式】

INDEX ON <索引表达式> TAG <索引标识名>；

[ASCENDING|DESCENDING] [UNIQUE|CANDIDATE]

【功能】为打开的表建立索引文件或在复合索引文件中添加索引标识。

【说明】

（1）<索引表达式>：可以是字段名或包含字段名的表达式。

（2）TAG <索引标识名>：用来建立复合索引文件。

（3）ASCENDING|DESCENDING：表示升序或降序索引，系统默认升序。只对复

合索引有效。

（4）UNIQUE |CANDIDATE：表示建立唯一索引或候选索引。

【例 3.24】　将学生表按"性别"字段建立索引。

```
USE 学生
INDEX ON 性别 TAG 性别
LIST 学号,姓名,性别
```

显示结果如图 3-32 所示。

【例 3.25】　将学生表按"性别"和入学成绩建立索引。

```
USE 学生
INDEX ON 姓名+str(入学成绩) TAG xmrxcj
LIST 学号,姓名,性别,入学成绩
```

显示结果如图 3-33 所示。

记录号	学号	姓名	性别	入学成绩
3	11010003	杨永丰	男	508
4	11060001	周军	男	485
5	11060002	孙志奇	男	478
8	11080001	郑志	男	510
9	11080002	赵海军	男	479
1	11010001	王欣	女	525
2	11010002	张美芳	女	510
6	11060003	胡丽梅	女	478
7	11060004	李丹阳	女	470

记录号	学号	姓名	性别	入学成绩
5	11060002	孙志奇	男	478
9	11080002	赵海军	男	479
4	11060001	周军	男	485
3	11010003	杨永丰	男	508
8	11080001	郑志	男	510
7	11060004	李丹阳	女	470
6	11060003	胡丽梅	女	478
2	11010002	张美芳	女	510
1	11010001	王欣	女	525

图 3-32　例 3.24 运行结果　　　　　　　图 3-33　例 3.25 运行结果

2. 指定控制索引

索引文件必须先打开然后才能使用。一个表文件可以打开多个索引文件，一个索引文件可能包含多个索引标识，但任何时候只有一个索引文件或索引标识起作用。当前起作用的索引称为控制索引。

【格式】SET ORDER TO [<数值表达式>|[TAG]<索引标识>];
　　　　[ASCENDING|DESCENDING]

【功能】为打开的文件重新指定控制索引。

【说明】

（1）<数值表达式>：指定打开索引文件时"索引文件表"中的索引文件序号为控制索引。

（2）[TAG]<索引标识>：指定该索引标识为控制索引。

（3）ASCENDING|DESCENDING：重新指定索引文件为升序或降序。

（4）SET ORDER TO 或 SET ORDER TO 0：取消当前的控制索引，表中记录按物理顺序显示。

【例 3.26】　"学生"表中已建立索引，包含"学号"、"姓名"两个索引标识。利用命令按不同的索引标识显示记录。

```
USE 学生                    &&索引文件"学生.CDX"自动打开
SET ORDER TO TAG 学号
LIST                        &&按学号升序显示记录
SET ORDER TO TAG 姓名
LIST                        &&按姓名升序显示记录
```

3.5　数据完整性

数据完整性是保证数据正确的特性，包括实体完整性、域完整性和参照完整性，它们分别在记录级、字段级和数据表级提供了数据正确性的验证规则。

3.5.1　实体完整性与主关键字

实体完整性是保证表中记录唯一的特性，即在一个表中不允许有重复的记录出现。在关系数据模型中，利用主关键字或候选关键字来保证实体完整性，即保证表中的记录唯一。

如果一个字段的值或几个字段的值能够唯一标识表中的一条记录，则这样的字段称为候选关键字。在一个表中可能会有几个符合这种要求的字段，可以从中选择一个作为主关键字。在 Visual FoxPro 中将主关键字称作主索引，将候选关键字称作候选索引。

3.5.2　域完整性与约束规则

域完整性是表中域的特性，对表中字段取值的限定都是域完整性的范围，如字段的类型、字段的宽度和字段的有效性规则等。字段有效性规则又称作域约束规则，只能存在于数据库表中，在插入或修改记录时被激活，用于检验用户输入到某个字段中的数据是否有效。一旦输入了与字段有效性验证规则不相符的字段值时，系统会立即报错，并且阻止该值的输入。

3.5.3　参照完整性与表之间的关系

参照完整性是指在建立了关系的两个表之间插入、删除或修改一个表中的数据时，通过参照引用相互关联的另一个表中的数据，来检查对表的数据操作是否正确。

在建立参照完整性之前应先建立表之间的关联。表之间的关联关系有两种，一种是一对一的关系，另一种是一对多的关系。

在数据库设计器中设计两个表之间的联系时，首先要使两个表具有相同属性的字段，然后在父表中定义该字段为主索引。若在子表中定义该字段为主索引或候选索引，则建立的是一对一的关系；若在子表中定义该字段为普通索引，则建立的是一对多的关系。

1.　建立表之间的联系

在数据库设计器中建立的表之间的关系存储在数据库文件中，不需要每次使用时都重建，只要不删除将一直保存，因此称为永久联系。在数据库设计器中，表之间的永久联系显示为表索引间的连接线。

【例 3.27】　　在"教学"数据库中，通过"学号"字段建立"学生"表和"选课"表间的永久联系；通过"课程号"字段建立"课程"表和"选课"表之间的永久联系；通过"教师号"字段建立"教师"表和"课程"表之间的永久联系。

（1）打开"教学"数据库，进入"数据库设计器"窗口，为"教学"数据库中的表建立如表 3-3 所示的索引。

表 3-3　　"教学"数据库中的表建立的索引

表名	索引类型	关键字表达式
学生	主索引	学号
选课	普通索引	学号
	普通索引	课程号
教师	主索引	教师号
课程	主索引	课程号
	普通索引	教师号

（2）用鼠标左键选中父表"学生"表的主索引标识"学号"，拖动至子表"选课"表的索引标识"学号"处，松开鼠标左键，两个表之间产生一条连线。"学生"表和"选课"表之间的永久联系建立完成。

（3）用上述方法建立"课程"表和"选课"表，"教师"表和"课程"表之间的一对多的永久联系，如图 3-34 所示。

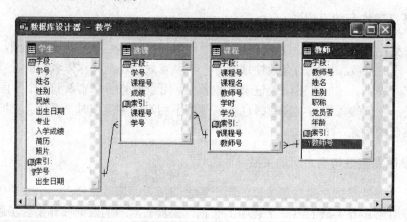

图 3-34　　建立永久联系的教学数据库

如果需要修改或删除已建立的联系，可以右击关系连线，连线变粗，从弹出的快捷菜单中选择"编辑关系"或"删除关系"选项。

2. 清理数据库

在建立参照完整性之前必须先清理数据库，即物理删除数据库各个表中所有带有删除标记的记录。操作方法是打开数据库设计器后，选择"数据库"→"清理数据库"命令。

注　意

在清理数据库时，如果出现如图 3-35 所示的提示对话框，表示数据库中的表处于打开状态，需要关闭后才能正常完成清理数据库操作。可以在"数据工作期"窗口中关闭表，即选择"窗口" → "数据工作期"命令，打开如图 3-36 所示的"数据工作期"窗口，选择要关闭的表，单击"关闭"按钮。

图 3-35　清理数据库出错对话框

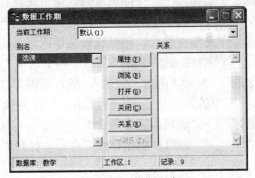

图 3-36　"数据工作期"窗口

3. 设置参照完整性约束

在清理完数据库后，可以设置参照完整性。右击表之间的联系并从快捷菜单中选择"编辑参照完整性"命令，打开"参照完整性生成器"对话框，如图 3-37 所示。

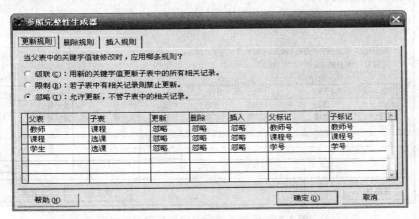

图 3-37　"参照完整性生成器"对话框

注 意

无论单击的是哪个联系，所有联系都将出现在参照完整性生成器中。

参照完整性规则包括更新规则、删除规则和插入规则。

（1）更新规则规定了当更新父表中的连接字段（主关键字）值时，如何处理相关的子表中的记录。

- 级联：用父表中新的连接字段值自动修改子表中的所有相关记录。
- 限制：若子表中有相关的记录，则禁止修改父表中的连接字段值。
- 忽略：不作参照完整性检查，可以随意更新父记录的连接字段值。

（2）删除规则规定了当删除父表中的记录时，如何处理子表中相关的记录。

- 级联：自动删除子表中的所有相关记录。
- 限制：若子表中有相关的记录，则禁止删除父表中的记录。
- 忽略：不作参照完整性检查，即删除父表的记录时与子表无关。

（3）插入规则规定了当插入子表中的记录时，是否进行参照完整性检查。

- 限制：若父表中没有相匹配的连接字段值则禁止插入记录。
- 忽略：不作参照完整性检查，即可以随意插入记录。

【例 3.28】 为"教学"数据库中的"学生"和"选课"两个表设置参照完整性规则，更新规则为"级联"，删除规则为"级联"，插入规则为"限制"。

（1）"教学"数据库中的表已建立永久性联系，如图 3-34 所示。

（2）选择"数据库"→"清理数据库"命令，删除所有加删除标记的记录。

（3）选择"数据库"→"编辑参照完整性"命令，打开"参照完整性生成器"对话框，如图 3-37 所示。

（4）在"关系"列表框中选择"学生-选课"关系；在"更新规则"选项卡中选择"级联"，在"删除规则"选项卡中选择"级联"，在"插入规则"选项卡中选择"限制"。建立的参照完整性规则如图 3-38 所示。

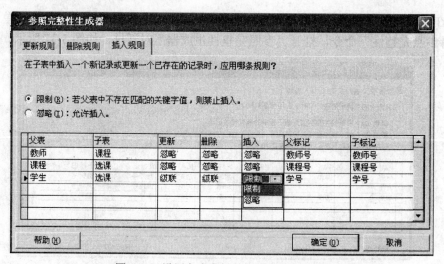

图 3-38 设置各表之间的参照完整性规则

（5）单击"确定"按钮，连续两次弹出"参照完整性生成器"对话框，如图 3-39 所示，确认后即完成参照完整性设置。

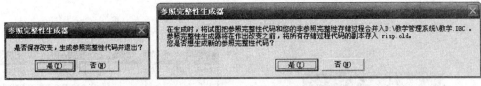

图 3-39　"参照完整性生成器"对话框

3.6　自　由　表

前面介绍的都是数据库中的表，不属于数据库中的表就是自由表。

3.6.1　自由表与数据库表间的联系与区别

数据库表和自由表可以相互转换，将数据库表从数据库中移出，数据库表就成为自由表；将一个自由表添加到某一数据库中，自由表就成为数据库表。

在 Visual FoxPro 中保留自由表是为了兼容 FoxPro 早期的软件版本。建议在 Visual FoxPro 中尽量使用数据库表，数据库表相对于自由表有如下特点。

（1）数据库表可以使用长文件名，在表中可以使用长字段名。

（2）可以为数据库表的字段指定默认值和输入掩码。

（3）可以为数据库表的字段指定标题，添加注释。

（4）可以为数据库表规定字段级规则和记录级规则。

（5）数据库表支持主关键字、参照完整性和表之间的联系。

3.6.2　建立自由表

建立自由表的过程和建立数据库表的过程基本相同，需要注意的是建立自由表前要先关闭数据库。可以在"命令"窗口中使用 CLOSE DATABASE 或 CLOSE ALL 命令关闭数据库。

【例 3.29】　创建如图 3-40 所示的自由表"选课"表。

"选课"表结构为：选课(学号 C(8),课程号 C(4),成绩 N(3))。

操作步骤如下：

（1）在"命令"窗口输入命令：CLOSE ALL。

（2）选择"文件"→"新建"→"表"命令，单击"新建文件"按钮，打开"创建"对话框，输入文件名"选课"，单击"保存"按钮，打开"表设计器"对话框。

（3）在"表设计器"对话框中建立表结构，输入相应记录。

3.6.3　向数据库中添加自由表

一个数据表只能属于一个数据库，不允许把一个表添加到多个数据库中。在 Visual FoxPro 中常在数据库设计器中添加自由表。

【例 3.30】　将"选课"表添加到"教学"数据库中。

（1）打开"教学"数据库，在数据库设计器中选择"数据库"→"添加表"命令，如图 3-41 所示。

（2）选择"选课"表，单击"确定"按钮，"选课"表被添加到"教学"数据库中。

图 3-40　"选课"表记录

图 3-41　"数据库设计器"窗口

3.6.4　从数据库中移去或删除表

当数据库不再需要某个表时，可将其从数据库中移去或删除。从数据库中移去或删除某个表，常在数据库设计器中完成。

【例 3.31】　从"教学"数据库中移去或删除"选课"表。

（1）打开"教学"数据库，在数据库设计器中右击"选课"表，在弹出的快捷菜单中选择"删除"命令，打开如图 3-42 所示的对话框。

（2）若单击"移去"按钮，将"选课"表从数据库中移去，变为自由表；若单击"删除"按钮，则将"选课"表从磁盘上物理删除。

图 3-42　移去表对话框

3.6.5　数据库表与自由表转换的操作命令

1. 向数据库中添加自由表（自由表转换为数据库表）

【格式】ADD TABLE[<表名>|?][NAME<长表名>]

【功能】在当前数据库中添加指定的表。

【说明】

（1）<表名>：指添加到数据库中的表名。

（2）NAME<长表名>：为表指定一个长文件名，最多 128 个字符。

【例 3.32】　将"课程"表添加到"教学"数据库中，并指定长表名为：2011 级学生课程信息表。

```
ADD TABLE 课程 NAME 2011级学生课程信息表
```

2. 从数据库中移去表（数据库表转换为自由表）

【格式】REMOVE TABLE [<表名>][DELETE]
【功能】将指定的表从数据库中移出。
【说明】DELETE 表示移出表的同时将该表从磁盘上删除。
【例 3.33】　使用命令从"教学"数据库中移去"课程"表。

```
REMOVE TABLE 课程
```

3.7　多表同时使用

在 Visual FoxPro 中打开一个新表后，前面打开的表就会关闭。在实际应用中，用户常常需要同时对多个表文件进行操作，为解决这一问题，Visual FoxPro 引入了工作区的概念。

3.7.1　多工作区

工作区是每个打开的表所在的内存区，打开表文件就是把它从磁盘调入内存的某一工作区。Visual FoxPro 提供了 32767 个工作区，每个工作区只能打开一个表文件，通过选择不同的工作区，打开不同的表文件，可以实现对多表进行操作。

在 Visual FoxPro 中，虽然可以在不同的工作区打开多个表，但只有最后选择的工作区是处于活动的，称为主工作区或当前工作区，其他的工作区称为非当前工作区。当前工作区中的表称为"当前表"，而非当前工作区中的表称为"非当前表"。当前表文件能进行读写操作，而非当前表文件，只能进行读操作。

1. 选择当前工作区

每个工作区都有自己的标号和别名。用户可以利用工作区的标号和别名来选择、更改当前工作区。

（1）工作区的标号：Visual FoxPro 为每个工作区赋予一个唯一的标号，分别为 1，2，3，…，32767，也称为工作区的区号。

（2）工作区的别名：除了工作区标号，系统还为每个工作区规定了一个固定别名，称为系统别名。用户也可以在某工作区中打开一个表文件的同时为工作区定义一个别名，称为用户别名。

① 工作区的系统别名：

1～10 号工作区的系统别名分别为 A、B、…、J；

11～32767 号工作区的系统别名分别为 W11～W32767。

② 工作区的用户别名：

【格式】USE <表文件名> [ALIAS<别名>]

【说明】有 ALIAS 选择项时，<别名>是用户为当前工作区规定的用户别名；无 ALIAS 选项时，打开的表文件名就是当前工作区的用户别名。

（3）工作区的选择：启动 Visual FoxPro 时，默认 1 号工作区是当前工作区，SELECT 命令可以改变当前工作区。

【格式】SELECT　<工作区号>|<工作区别名>

【功能】选择一个工作区为当前工作区。

【说明】若工作区号为 0，表示选用当前未使用过的编号最小的工作区为当前工作区。

【例 3.34】　分别在不同工作区打开"教学"数据库中的学生、课程和选课三个表。

```
OPEN DATABASE 教学
SELECT 1          &&选择 1 号工作区
USE 学生
SELECT D          &&选择 4 号工作区
USE 课程
SELECT 0          &&选择未使用的最小工作区号 2
USE 选课
```

如果要回到第一个工作区，可以使用命令：

```
SELECT 学生
```

或

```
SELECT 1
```

使用 USE 命令可以直接指定在哪个工作区中打开表。上面例子可用下面的语句实现：

```
OPEN DATABASE 教学
USE 学生 IN 1
USE 课程 IN 4
USE 选课 IN 2
```

2. 非当前工作区字段的引用

在 Visual FoxPro 中，当前工作区中的字段在程序中可以直接引用，而非当前工作区中的字段在程序中引用时要注明它的工作区号。在当前工作区中可通过以下两种格式访问其他工作区表中的数据。

```
工作区别名.字段名   或   工作区别名->字段名
```

3.7.2　数据工作期

数据工作期是多表操作的动态工作环境。利用它可以打开、关闭和浏览多个数据库表或自由表，并可设置表属性。选择"窗口"→"数据工作期"命令，打开如图 3-43 所示的"数据工作期"窗口。

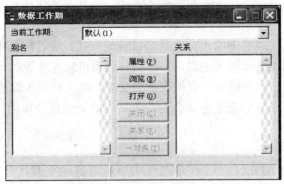

图 3-43 "数据工作期"窗口

"数据工作期"窗口中各按钮的含义如下。

（1）打开(O)：单击此按钮弹出如图 3-44 所示的"打开"对话框，用户选择要打开的表文件，打开表后如图 3-45 所示。

（2）关闭(C)：关闭选定的表文件。

（3）属性(P)：单击此按钮弹出如图 3-46 所示的"工作区属性"对话框，对选定的表文件进行属性设置。

（4）浏览(B)：以浏览的方式显示表文件内容。

（5）关系(R)：设定两个表间的联系，如图 3-47 所示。

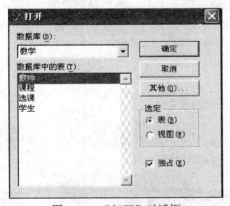

图 3-44 "打开"对话框

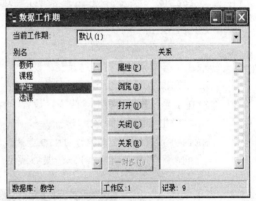

图 3-45 打开表后

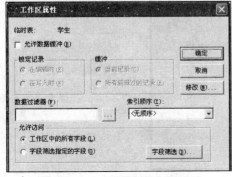

图 3-46 "工作区属性"对话框

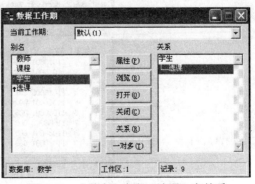

图 3-47 "学生"表和"选课"表关系

3.7.3　表间的临时关联

在数据库中建立的表之间的永久联系可以长期存在，随着数据库的打开而打开，但是却不能实现不同记录之间指针的联动。而临时联系可以实现表间记录指针的联动，这种临时联系称为关联，用来建立关联的表称为父表，被关联的表称为子表。建立表间的关联即临时联系后，子表的记录指针会自动随父表的记录指针移动。

1.　建立表间的关联

【格式】SET RELATION TO <表达式> INTO [<别名>|<工作区号>]
【功能】将当前工作区中的表与<别名>工作区中的表建立关联。
【说明】
（1）在建立关联之前，必须打开父表，而且还必须在另一个工作区中打开子表。
（2）通常建立关联的两个表具有相同字段，而且用来建立关系的表达式常常是父表的主控索引表达式，子表的普通索引表达式。
（3）每当父表文件记录指针移动到某记录时，子表文件的记录指针指向其索引中与<表达式>相匹配的第一条记录。若找不到匹配记录，则指针指向子表文件尾（EOF()为.T.）。
【例 3.35】　通过"学号"字段建立"学生"表和"选课"表之间的临时关联，其中"学生"表已按"学号"建立主索引，"选课"表已按"学号"建立普通索引。

```
CLOSE ALL
OPEN DATABASE 教学
**在 2 号工作区中打开选课表，设置学号索引标识为控件索引
USE 选课 IN 2 ORDER 学号
**在 1 号工作区中打开学生表，设置学号索引标识为控件索引
USE 学生 IN 1 ORDER 学号
SET RELATION TO 学号 INTO 选课        &&父表"学生"和子表"选课"建立关联
LIST 学号,选课.课程号，选课->成绩       &&显示结果如图 3-48 所示
```

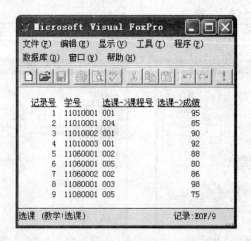

图 3-48　建立临时关联后显示的结果

2. 取消关联

（1）SET RELATION TO：取消当前表与所有非当前工作区中表之间的所有关联。

（2）SET RELATION OFF INTO <别名>|<工作区号>：取消当前表与命令中指定表之间的关联，其余关联仍保留。

3.8　本　章　小　结

本章主要介绍了表结构的建立与修改方法，表记录的浏览、增加、删除与修改方法。详细介绍了数据库的建立及向数据库中添加和从数据库中移出表的方法；索引文件的类型及索引的建立和使用方法；表间关系与参照完整性操作方法。

3.9　习　　　题

一、选择题

1. 下列字段名中不合法的是_____。
   A. 学号　　　　B. 123ABC　　　　C. ABC_7　　　　D. abc123
2. 在 Visual FoxPro 中，关于自由表的叙述正确的是_____。
   A. 自由表和数据库表是完全相同的
   B. 自由表不能建立字段级规则和约束
   C. 自由表不能建立候选索引
   D. 自由表不可以加入数据库中
3. 对数据表的结构操作，通常是在_____环境下完成的。
   A. 表向导　　B. 表设计器　　　C. 表浏览器　　　D. 表编辑器
4. 以下关于空值（NULL）的叙述正确的是_____。
   A. 空值等同于空字符串　　　　B. 空值表示字段或变量还没有确定值
   C. Visual FoxPro 不支持空值　　D. 空值等同于 0
5. _____索引的字段值不允许重复，并且一个表中只能创建一个。
   A. 主索引　　B. 候选索引　　　C. 普通索引　　　D. 唯一索引
6. 为了设置两个表之间的数据参照完整性，要求这两个表是_____。
   A. 同一个数据库中的两个表　　B. 两个自由表
   C. 一个自由表和一个数据库表　D. 没有限制
7. 数据库表可以设置字段有效性"规则"，规则是一个_____，字段有效性规则属于域完整性范畴。
   A. 逻辑表达式　　　　　　　B. 字符表达式
   C. 数值表达式　　　　　　　D. 日期表达式

二、填空题

1. Visual FoxPro 中的数据表可分为_____和_____两种。

2．建立 Visual FoxPro 数据库时，其数据库文件的扩展名是_____，同时会自动生成一个扩展名是_____的数据库备注文件和一个扩展名为_____的数据库索引文件。

3．在 Visual FoxPro 中，参照完整性规则包括更新规则、删除规则和_____规则。

三、思考题

1．简述自由表和数据库表的区别。

2．简述参照完整性的各种规则及作用。

3．如何设置表间的永久关系？

第4章　SQL 关系数据库查询语言

学习目标

- 掌握 SQL 语句的查询功能，能够根据各种不同的要求写出标准的 SQL 语句。
- 熟练运用 SQL 语句的查询功能生成新的数据表文件。
- 掌握 SQL 语句对表结构的定义和修改功能。
- 掌握 SQL 语句对数据的修改功能。

SQL 是结构化查询语言 Structured Query Language 的缩写，是对存放在计算机数据库中的数据进行组织、管理和查询的一种工具。目前，SQL 已经成为关系数据库的标准语言，所有的关系数据库管理系统都支持 SQL。

本章主要介绍 SQL 的数据查询功能、SQL 的数据定义功能以及 SQL 的数据操纵功能。

4.1　SQL 概述

SQL 语言集数据查询、数据定义、数据操纵和数据控制功能于一体，主要特点如下。

1. 功能一体化

SQL 语言集数据查询、数据定义、数据修改和数据控制功能于一体，语言风格统一，可以独立完成对数据库的所有操作，例如：数据的查询；关系模式的定义、删除和修改；数据的插入、更新和删除；数据库的安全性控制等。SQL 语言为数据库应用系统开发者提供了良好的工具。

2. 高度非过程化

利用 SQL 语言进行数据操作时，无需指明计算机应"如何去做"，只要描述清楚"要做什么"、"要得到什么结果"即可，SQL 语言将用户的要求交给系统，系统将自动完成对数据的操作。

3. 语言简洁，易学易用

SQL 语言功能强大，但由于设计构思巧妙，语言结构简洁，完成数据查询、数据定义、数据操纵和数据控制功能只用了九个动词，因此易学易用。

（1）数据查询：SELECT。

（2）数据定义：CREATE、DROP、ALTER。

（3）数据操纵：INSERT、UPDATE、DELETE。

（4）数据控制：GRANT、REVOKE。

4. 以同一种语法结构提供两种使用方式

SQL 语言既是自含式语言，又是嵌入式语言。

（1）自含式 SQL 以命令方式直接交互式使用，用户可以直接在计算机上输入 SQL 命令对数据库进行各种操作。

（2）嵌入式 SQL 能够嵌入到高级语言的程序中，如嵌入到 C、PowerBuilder、ASP 等程序中，用来完成对数据的操作。

不管以哪种方式使用 SQL 语言，它的语法结构、使用方法基本相同。

4.2　SQL 的数据查询

数据查询是对数据库中的数据按指定条件和顺序进行检索输出，是数据库的核心操作。虽然 SQL 语言的数据查询只有一条 SELECT 语句，但该语句具有灵活的使用方式和丰富的功能，能完成单表查询、多表联接查询、嵌套查询等操作。

4.2.1　SELECT 语句格式

【格式】

SELECT [ALL|DISTINCT] [TOP<数值>|PERCENT];

<字段表达式>[,<字段表达式> AS <虚拟字段名>]…;

FROM <表名或视图名>[,<表名或视图名>]…;

[WHERE [<联接条件>][AND] [<筛选条件>]];

[GROUP BY <字段名>[HAVING <条件表达式>]];

[ORDER BY <字段名>[ASC|DESC]];

[INTO ARRAY <数组名>]|[INTO CURSOR <临时表名>]|;

[INTO DBF|TABLE <永久表名>]|[TO FILE <文本文件名>]

【说明】

（1）SELECT 指明查询结果由哪些字段（列）组成。

（2）FROM 指明要查询的信息来自哪个（些）表或视图。

（3）WHERE <联接条件>指定在多表查询时数据表之间的联接条件；WHERE <筛选条件>指定查询结果中的记录必须满足的条件，即对记录进行筛选。

（4）GROUP BY 指明按哪个（些）字段分组，分组后通常对每组记录进行统计运算，HAVING 用来对分组运算后的记录进行筛选，HAVING 后接条件表达式，使得该表达式为真的分组记录将被查询到。HAVING 只能在 GROUP BY 之后使用，不能单独使用。

（5）ORDER BY 指明按哪个（些）字段进行升序或降序排序。

（6）INTO 和 TO 指明查询去向。

本章是以"教学"数据库为例进行查询，数据库中各表的记录如图 4-1～图 4-4 所示。

图 4-1　"学生"表所有记录　　　　　　　　图 4-2　"选课"表所有记录

图 4-3　"课程"表所有记录　　　　　　　　图 4-4　"教师"表所有记录

4.2.2　简单查询

基于单个表的无条件查询是最简单的查询。

【格式】

SELECT [DISTINCT] <字段表达式>[,<字段表达式>[AS] <虚拟字段名>]…;

FROM <表名或视图名>

1. 查询部分或全部字段信息

【例 4.1】　查询"教师"表中所有教师的姓名和性别信息。

```
SELECT 姓名,性别 FROM 教师
```

查询结果如图 4-5 所示。

【例 4.2】　查询"教师"表中的所有信息。

```
SELECT * FROM 教师
```

命令中的*表示输出显示所有的字段,等价于如下语句:

```
SELECT 教师号,姓名,性别,职称,党员否,年龄 FROM 教师
```

查询结果如图 4-6 所示。

2. 产生新字段

如果查询结果中不希望使用原表中的字段名,或查询结果是通过函数、表达式运算得到的,可以根据要求设置一个新的字段名,新产生的字段通常称为虚拟字段。

图 4-5　例 4.1 查询结果　　　　　　　　　　　图 4-6　例 4.2 查询结果

【例 4.3】　查询"学生"表中所有学生的学号、姓名和出生年份。

> SELECT 学号,姓名, YEAR(出生日期) FROM 学生

"学生"表中没有出生年份字段，可以通过 YEAR 函数计算出生年份的值。通过计算的列其列标题默认为 Exp_N，这里的 N 表示查询结果的第 N 列，本例中产生的列标题为 Exp_3，用户可以通过指定别名来改变查询结果的列标题。

> SELECT 学号,姓名, YEAR(出生日期) AS 出生年份 FROM 学生

命令中的 AS 可以省略。比较两个查询语句的结果，如图 4-7 所示。

3. 去掉查询结果中的重复记录

【例 4.4】　查询"学生"表中都有哪些专业。

> SELECT 专业 FROM 学生

利用 DISTINCT 语句可以去掉查询结果中的重复记录。

> SELECT DISTINCT 专业 FROM 学生

比较两个查询语句的结果，如图 4-8 所示。

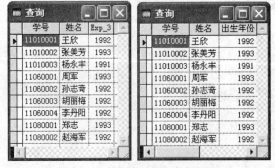

图 4-7　例 4.3 查询结果的比较

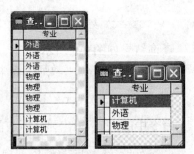

图 4-8　例 4.4 查询结果的比较

4.2.3　条件查询

若要在数据表中找出满足某些条件的行，需要使用 WHERE 子句来指定查询条件。查询条件中的常用运算符如表 4-1 所示。

表 4-1　查询条件中的常用运算符

运　算　符	含　义	举　例
=、>、<、>=、<=、!=、<>	比较大小	民族="汉"
AND、OR	多重条件	专业="外语"　AND 入学成绩<520
BETWEEN　AND	确定范围	入学成绩 BETWEEN 500 AND 520
LIKE	字符匹配	姓名 LIKE "王%"
NOT	否定运算符	NOT 民族="汉"

【格式】

SELECT [DISTINCT] <字段表达式>[,<字段表达式>[AS] <虚拟字段名>]…;
FROM <表名或视图名> [WHERE <筛选条件>]

1. 比较查询

【例 4.5】　查询"学生"表中汉族学生的姓名、民族和入学成绩信息。

```
SELECT 姓名,民族,入学成绩 FROM 学生 WHERE 民族="汉"
```

查询结果如图 4-9 所示。

【例 4.6】　查询"学生"表中少数民族学生的姓名、民族和入学成绩信息。

```
SELECT 姓名,民族,入学成绩 FROM 学生 WHERE 民族!="汉"
```

查询结果如图 4-10 所示。

在 SQL 中，"不等于"用"!="或"<>"表示，也可以用否定运算符写出等价的命令。

```
SELECT 姓名,民族,入学成绩 FROM 学生 WHERE NOT 民族="汉"
```

2. 多重条件查询

【例 4.7】　在"学生"表中查询外语专业里入学成绩小于 520 分的学生的学号、姓名和入学成绩信息。

```
SELECT 学号,姓名,入学成绩 FROM 学生;
WHERE 专业="外语"　AND 入学成绩<520
```

查询结果如图 4-11 所示。

图 4-9　例 4.5 查询结果　　　　图 4-10　例 4.6 查询结果　　　　图 4-11　例 4.7 查询结果

3. 范围查询

范围子句的格式如下：

【格式】BETWEEN　<下界表达式>　AND　<上界表达式>

【说明】其含义是在下界表达式和上界表达式之间，且包含下界表达式的值和上界表达式的值。

【例 4.8】　查询入学成绩在 500～520 分（包含 500 分和 520 分）的学生的学号、姓名和入学成绩信息。

```
SELECT 学号,姓名,入学成绩 FROM 学生;
WHERE 入学成绩 BETWEEN 500 AND 520
```

查询结果如图 4-12 所示。此查询等价于如下语句：

```
SELECT 学号,姓名,入学成绩 FROM 学生;
WHERE 入学成绩>=500 AND 入学成绩<=520
```

【例 4.9】　查询入学成绩小于 500 分或大于 520 分的学生信息。

```
SELECT 学号,姓名,入学成绩 FROM 学生;
WHERE 入学成绩 NOT BETWEEN 500 AND 520
```

查询结果如图 4-13 所示。

图 4-12　例 4.8 查询结果

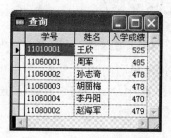

图 4-13　例 4.9 查询结果

注 意

写查询范围时，小数写在 AND 前面，大数写在 AND 后面。

4. 字符串匹配查询

当用户不知道完全精确的查询条件时，可以使用 LIKE 子句进行字符串匹配查询（也称为模糊查询）。字符串匹配查询的格式如下：

【格式】<字段名> LIKE <字符表达式>

【说明】在字符串匹配查询中可以使用通配符，%（百分号）表示任意长度的字符串，"_"（下划线）表示任意单个字符，查询汉字时，每个"_"（下划线）表示一个汉字。

【例 4.10】　查询"学生"表中所有姓王的学生信息。

```
SELECT * FROM 学生 WHERE 姓名 LIKE "王%"
```

查询结果如图 4-14 所示。此查询等价于如下语句：

```
SELECT * FROM 学生 WHERE 姓名= "王"
```

【例 4.11】　查询"课程"表中所有课程名里含有"大学"两个字的课程名。

```
SELECT 课程名 FROM 课程 WHERE 课程名 LIKE "%大学%"
```

查询结果如图 4-15 所示。此查询等价于如下语句：

```
SELECT 课程名 FROM 课程 WHERE "大学"$课程名
```

图 4-14　例 4.10 查询结果

图 4-15　例 4.11 查询结果

5. 逻辑型字段条件查询

【例 4.12】　查询"教师"表中所有党员教师的信息。

```
SELECT * FROM 教师 WHERE 党员否
```

查询结果如图 4-16 所示。此查询等价于如下语句：

```
SELECT * FROM 教师 WHERE 党员否=.T.
```

6. 虚拟字段条件查询

【例 4.13】　查询学生表中年龄小于 19 岁学生的学号、姓名和年龄信息。

```
SELECT 学号,姓名,YEAR(DATE())-YEAR(出生日期) AS 年龄 FROM 学生;
WHERE YEAR(DATE())-YEAR(出生日期)<19
```

查询结果如图 4-17 所示。

年龄等于当前的年份减去出生日期的年份，即 YEAR(DATE())-YEAR(出生日期)。

> **注意**　📢
>
> WHERE 语句后不能使用虚拟字段进行条件限定，即条件不能写成"年龄<19"。

图 4-16　例 4.12 查询结果　　　　　　图 4-17　例 4.13 查询结果

4.2.4　排序查询

使用 ORDER BY 语句可以按照一个或多个字段对查询结果进行升序或降序排列，默认为升序排列。

【格式】

SELECT [TOP<数值>[PERCENT]] <字段表达式> FROM <表名或视图名> ;

ORDER BY<字段名 1>|<编号>[ASC|DESC][,<字段名 2>|<编号>;

[ASC|DESC]…]

【说明】

（1）ORDER BY 语句后可以使用多个字段名（包括虚拟字段）或字段编号，但不能使用任何运算表达式，即不能按某个表达式的运算结果进行排序。

（2）ASC 为升序排列，DESC 为降序排列，默认为升序排列。

（3）TOP <数值> [PERCENT]语句用于显示排序之后的前几条记录或前百分之多少条记录。

【例 4.14】　查询学生的学号、姓名和入学成绩信息，查询结果按入学成绩降序排列。

```
SELECT 学号,姓名,入学成绩 FROM 学生 ORDER BY 入学成绩 DESC
```

查询结果如图 4-18 所示。

ORDER BY 语句后也可以使用字段编号。字段编号的意义分为以下两种情况。

（1）如果 SELECT 后接*，那么该编号为原始表中的字段序号，例如：

```
SELECT * FROM 学生 ORDER BY 2      &&表示按"姓名"排序
```

（2）如果 SELECT 后接具体字段列表，那么该编号为字段列表中的字段序号，例如：

```
SELECT 姓名,学号 FROM 学生 ORDER BY 2      &&表示按"学号"排序
```

【例 4.15】　查询物理专业的学生信息，查询结果按入学成绩升序排列，入学成绩相同的记录再按出生日期降序排列。

```
SELECT * FROM 学生 WHERE 专业="物理" ORDER BY 入学成绩,出生日期 DESC
```

此查询等价于

```
SELECT * FROM 学生 WHERE 专业="物理" ORDER BY 7,5 DESC
```

查询结果如图 4-19 所示。

图 4-18　例 4.14 查询结果　　　　　　　　图 4-19　例 4.15 查询结果

【例 4.16】 查询学生表中年龄小于 19 岁学生的学号、姓名和年龄信息,查询结果按年龄升序排列。

```
SELECT 学号,姓名,YEAR(DATE())-YEAR(出生日期) AS 年龄 FROM 学生;
WHERE YEAR(DATE())-YEAR(出生日期) <19 ORDER BY 年龄
```

查询结果如图 4-20 所示。

注 意

WHERE 语句后不能使用虚拟字段,但可以使用表达式;ORDER BY 语句后不能使用表达式,但可以使用虚拟字段。

【例 4.17】 查询入学成绩前三名的学生的学号、姓名和入学成绩信息。

```
SELECT TOP 3 学号,姓名,入学成绩 FROM 学生 ORDER BY 入学成绩 DESC
```

查询结果如图 4-21 所示。

图 4-20 例 4.16 查询结果   图 4-21 例 4.17 查询结果

【例 4.18】 查询“学生”表中入学成绩偏低的 30%的学生信息。

```
SELECT TOP 30 PERCENT * FROM 学生 ORDER BY 入学成绩
```

此查询等价于

```
SELECT * TOP 30 PERCENT FROM 学生 ORDER BY 入学成绩
```

查询结果如图 4-22 所示。

注 意

TOP 语句要与 ORDER BY 语句同时使用才有效。

【例 4.19】 在“学生”表中查询年龄最大的前两名学生的姓名和出生日期,查询结果按年龄降序排列。

```
SELECT TOP 2 姓名,出生日期 FROM 学生 ORDER BY 出生日期
```

此查询只要求查询学生的姓名和出生日期,没有要求查询年龄,所以不使用虚拟字段。按年龄降序排列,等价于按出生日期升序排列。

查询结果如图 4-23 所示。

图 4-22　例 4.18 查询结果　　　　　　　　图 4-23　例 4.19 查询结果

4.2.5　查询去向

SELECT 语句默认的输出去向是在浏览窗口中显示查询结果，可以使用查询去向子句来修改 SELECT 语句的查询去向。

1. 将查询结果存放到永久表文件中

使用子句 INTO DBF|TABLE <表名>，可以将查询结果存放到永久表文件中。

【例 4.20】　将男学生的信息存放到永久表 ABC 中。

```
SELECT * FROM 学生 WHERE 性别="男" INTO DBF ABC
```

或者

```
SELECT * FROM 学生 WHERE 性别="男" INTO TABLE ABC
```

上面语句执行后，将在当前目录中生成 ABC.DBF 永久表，该表自动打开，成为当前文件。使用"显示"菜单的"浏览"命令，可以看到表 ABC.DBF 的记录，如图 4-24 所示。

图 4-24　例 4.20 查询结果

2. 将查询结果存放到临时表文件中

使用子句 INTO CURSOR <表名>，可以将查询结果存放到临时表文件中。临时表是一个只读的.dbf 文件，查询语句执行结束后，该临时表自动打开，成为当前文件，可以像一般的.dbf 文件一样使用。当关闭查询相关的表文件时，该临时表文件自动删除。

【例 4.21】　将男学生的信息存放到临时表 ABC 中。

```
SELECT * FROM 学生 WHERE 性别="男" INTO CURSOR ABC
```

 注 意

> INTO CURSOR 后的表文件名不能写扩展名.DBF（如 INTO CURSOR ABC.DBF），否则提示语法错误。

在一些复杂的查询中，需要分步来完成，可以利用临时表文件存放每一步的查询结果，最终完成复杂的查询。

3. 将查询结果存放到文本文件中

使用子句 TO FILE <文本文件名> [ADDITIVE]，可以将查询结果存放到文本文件中，如果使用 ADDITIVE 语句，查询结果将追加到该文本文件尾部，否则将覆盖原有文件。

【例 4.22】　将男学生的信息存放到文本文件 ABC 中。

```
SELECT * FROM 学生 WHERE 性别="男" TO FILE ABC
```

打开文本文件 ABC.TXT，查询结果如图 4-25 所示。

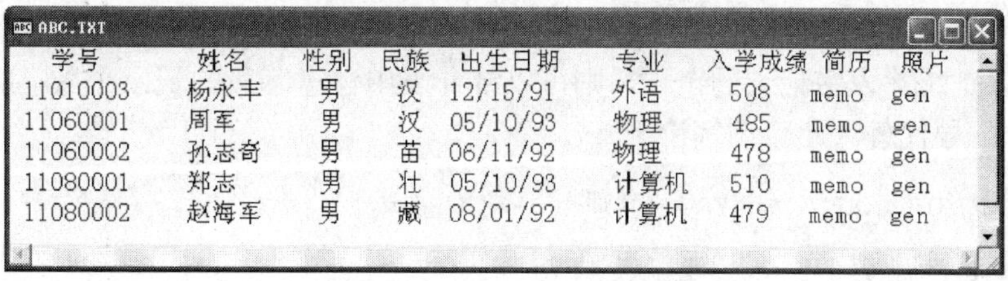

学号	姓名	性别	民族	出生日期	专业	入学成绩	简历	照片
11010003	杨永丰	男	汉	12/15/91	外语	508	memo	gen
11060001	周军	男	汉	05/10/93	物理	485	memo	gen
11060002	孙志奇	男	苗	06/11/92	物理	478	memo	gen
11080001	郑志	男	壮	05/10/93	计算机	510	memo	gen
11080002	赵海军	男	藏	08/01/92	计算机	479	memo	gen

图 4-25　文本文件 ABC.TXT

4. 将查询结果存放到数组变量中

使用子句 INTO ARRAY <数组名>，可以将查询结果存放到数组变量中。

如果查询结果是多列多条记录，这些记录将自动存放在二维数组中，数组的行列与记录的行列元素对应。

【例 4.23】　查询学生表中计算机专业的学生信息，查询结果包含学号、姓名、专业和入学成绩四个字段，并将查询结果存放在数组 ABC 中。

```
SELECT 学号,姓名,专业,入学成绩 FROM 学生;
    WHERE 专业="计算机" INTO ARRAY ABC
```

该查询执行后，系统会自动生成一个 2 行 4 列的数组 ABC。数组 ABC(2,4)中的元素如表 4-2 所示。

表 4-2　数组 ABC(2,4)中的元素

ABC (1,1)	ABC (1,2)	ABC (1,3)	ABC (1,4)
"11080001"	"郑志"	"计算机"	510
ABC (2,1)	ABC (2,2)	ABC (2,3)	ABC (2,4)
"11080002"	"赵海军"	"计算机"	479

4.2.6　计算查询

在查询过程中，有时需要在原有数据的基础上，通过计算来输出统计结果。SQL 提供了如表 4-3 所示的计算函数。

表 4-3   查询计算函数的格式及功能

函 数 格 式	函 数 功 能
COUNT(*)	统计记录的个数
COUNT(<字段名>)	
COUNT(DISTINCT <字段名>)	统计某一列值不重复的记录个数
SUM(<字段名>)	计算某一列值的总和（此列必须是数值型）
AVG(<字段名>)	计算某一列值的平均值（此列必须是数值型）
MAX(<字段名>)	计算某一列值的最大值
MIN(<字段名>)	计算某一列值的最小值

【例 4.24】   查询"教师"表中的教师人数。

```
SELECT COUNT(教师号) FROM 教师
```

如果只是统计表中记录的个数，则可以统计表中任意字段的记录个数，所以字段名可以用"*"号代替。此查询等价于

```
SELECT COUNT(*) FROM 教师
```

两种查询的结果如图 4-26 所示。

【例 4.25】   查询"选课"表中选修了课程的学生人数。

```
SELECT COUNT(DISTINCT 学号) AS 学生人数 FROM 选课
```

一个学生可能选修了多门课程，所以要用 DISTINCT 语句去掉重复的记录。
查询结果如图 4-27 所示。

图 4-26   例 4.24 查询结果   图 4-27   例 4.25 查询结果

【例 4.26】   统计"学生"表中物理专业的平均入学成绩。

```
SELECT AVG(入学成绩) AS 平均入学成绩 FROM 学生 WHERE 专业= "物理"
```

查询结果如图 4-28 所示。

【例 4.27】   查询年龄最小学生的出生日期。

```
SELECT MAX(出生日期) AS 出生日期 FROM 学生
```

年龄最小值即出生日期的最大值。
查询结果如图 4-29 所示。

图 4-28   例 4.26 查询结果   图 4-29   例 4.27 查询结果

4.2.7　分组查询

计算函数是对表中的所有记录进行计算，利用 GROUP BY 语句可以把记录分组并分别对每组进行计算。

【格式】 GROUP BY <字段 1>|<数值> [,字段 2,虚拟字段…] HAVING <条件表达式>

【说明】

（1）可以对一个或多个字段进行分组，也可以对虚拟字段进行分组，但不能对运算表达式进行分组，即不能按某个表达式的运算结果进行分组。

（2）可以用 HAVING 语句限定分组的条件，HAVING 语句不能单独使用只能跟在 GROUP BY 语句之后。

（3）HAVING 语句与 WHERE 语句并不矛盾，在查询过程中，先使用 WHERE 语句在所有记录中筛选出符合条件的记录，然后对这些记录进行分组，最后再使用 HAVING 语句筛选出符合条件的组。

【例 4.28】　查询"教师"表中各职称的人数，结果包含职称和人数两个字段。

```
SELECT 职称,COUNT(*) AS 人数 FROM 教师;
GROUP BY 职称
```

查询结果如图 4-30 所示。

【例 4.29】　查询"教师"表中除了"助教"外各职称的人数，结果包含职称和人数两个字段。

```
SELECT 职称,COUNT(*) AS 人数 FROM 教师;
WHERE 职称<>"助教";
GROUP BY 职称
```

此查询先把所有职称不是助教的记录筛选出来，然后对这些筛选出来的记录再分组统计个数。查询结果如图 4-31 所示。

【例 4.30】　查询"教师"表中除了"助教"外，人数大于等于 2 的各职称的人数，结果包含职称和人数两个字段。

```
SELECT 职称,COUNT(*) AS 人数 FROM 教师;
WHERE 职称<>"助教";
GROUP BY 职称 HAVING COUNT(*)>=2
```

HAVING 子句用来指定每组记录应满足的条件，只有满足 HAVING 条件的那些组才能在结果中显示出来。查询结果如图 4-32 所示。HAVING 子句后可以使用表达式，也可以使用虚拟字段，此查询等价于

```
SELECT 职称,COUNT(*) AS 人数 FROM 教师;
WHERE 职称<>"助教";
GROUP BY 职称 HAVING 人数>=2
```

图 4-30 例 4.28 查询结果

图 4-31 例 4.29 查询结果

图 4-32 例 4.30 查询结果

注 意

在查询过程中，当 WHERE 子句、GROUP BY 子句和 HAVING 子句同时出现时，首先执行 WHERE 子句，在所有记录中筛选出满足条件的记录；然后执行 GROUP BY 子句对这些满足条件的记录进行分组，并分别对每组记录进行计算；最后执行 HAVING 子句筛选出满足条件的组。

【例 4.31】 查询"学生"表中每个专业的最高入学成绩和最低入学成绩，结果包含专业、最高入学成绩和最低入学成绩三个字段。

```
SELECT 专业,MAX(入学成绩) AS 最高入学成绩,;
MIN(入学成绩) AS 最低入学成绩 FROM 学生;
GROUP BY 专业
```

查询结果如图 4-33 所示。

【例 4.32】 查询"学生"表中每个专业的男、女生最高入学成绩和最低入学成绩，结果包含专业、性别、最高入学成绩和最低入学成绩四个字段。

```
SELECT 专业,性别,MAX(入学成绩) AS 最高入学成绩,;
MIN(入学成绩) AS 最低入学成绩 FROM 学生;
GROUP BY 专业,性别
```

此查询先对专业分组，专业相同时再对性别分组。查询结果如图 4-34 所示。

专业	最高入学成绩	最低入学成绩
计算机	510	479
外语	525	508
物理	485	470

图 4-33 例 4.31 查询结果

专业	性别	最高入学成绩	最低入学成绩
计算机	男	510	479
外语	男	508	508
外语	女	525	510
物理	男	485	478
物理	女	478	470

图 4-34 例 4.32 查询结果

4.2.8 联接查询

前面介绍的查询都是针对一个表进行的，当一个查询同时涉及两个或两个以上表时，称为联接查询（也称为多表查询）。在多表之间进行查询时，必须处理表与表之间的联接关系，即按照某一个关键字进行联接。

1. 普通联接查询

【例 4.33】　查询学生的学号、姓名、课程号和成绩信息。

```
SELECT 学生.学号,姓名,课程号,成绩 FROM 学生,选课;
WHERE 学生.学号=选课.学号
```

在该查询中，要查询的字段来自两个表，所以 FROM 后面是这两个表的表名。WHERE 后面是表之间的联接条件（通常表示为两个表中的共有字段相等），当不同表中含有相同的字段名时（如学号字段），必须指明是哪个表的字段，指定方法为在字段前加"表名."或"别名."，例如"学生.学号"。查询结果如图 4-35 所示。

【例 4.34】　查询王欣的学号、姓名、课程号和成绩信息。

```
SELECT 学生.学号,姓名,课程号,成绩 FROM 学生,选课;
WHERE 学生.学号=选课.学号 AND 姓名="王欣"
```

"学生.学号=选课.学号"为联接条件，"姓名="王欣""为筛选条件。查询结果如图 4-36 所示。

图 4-35　例 4.33 查询结果　　　　　　图 4-36　例 4.34 查询结果

【例 4.35】　查询学生的学号、姓名、课程名和成绩信息。

```
SELECT 学生.学号,姓名,课程名,成绩 FROM 学生,选课,课程;
WHERE 学生.学号=选课.学号 AND 选课.课程号=课程.课程号
```

在该查询中，要查询的字段来自三个表，所以 FROM 后面是这三个表的表名，WHERE 后面的联接条件应该是这三个表中的每两个表的共有字段相等。查询结果如图 4-37 所示。

2. 别名与自联接查询

在多表的联接查询中，经常需要使用关系名（表名）作为前缀，为了使前缀简化，SQL 允许在 FROM 子句中为关系名（表名）定义别名，别名可以像关系名一样作为前缀使用。

【格式】<关系名>　<别名>

查询

学号	姓名	课程名	成绩
11010001	王欣	大学计算机基础	95
11010001	王欣	大学体育	85
11010002	张美芳	大学计算机基础	90
11010003	杨永丰	大学计算机基础	92
11060001	周军	数据库设计与应用	88
11060001	周军	大学英语	80
11060002	孙志奇	数据库设计与应用	86
11080001	郑志	多媒体技术与应用	98
11080001	郑志	大学英语	75

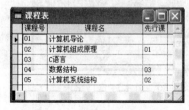

图 4-37　例 4.35 查询结果

【例 4.36】　定义别名，查询学生的学号、姓名、课程名和成绩信息。

```
SELECT S.学号,姓名,课程名,成绩 FROM 学生 S,选课 SC,课程 C;
WHERE S.学号=SC.学号 AND SC.课程号=C.课程号
```

查询结果如图 4-37 所示。

当一个表与自己联接时，可以给表取两个别名（如例 4.37 中的 A 和 B），这样就可以像两个不同的表一样进行联接查询了。

【例 4.37】　根据图 4-38 所示的课程表，查询所有课程的先行课信息。

```
SELECT A.课程名,"的先行课是",B.课程名 FROM 课程表 A,课程表 B;
WHERE B.课程号=A.先行课
```

查询结果如图 4-39 所示。

课程表

课程号	课程名	先行课
01	计算机导论	
02	计算机组成原理	01
03	C语言	
04	数据结构	03
05	计算机系统结构	02

图 4-38　课程表所有记录

查询

课程名_a	Exp_2	课程名_b
计算机组成原理	的先行课是	计算机导论
计算机系统结构	的先行课是	计算机组成原理
数据结构	的先行课是	C语言

图 4-39　例 4.37 查询结果

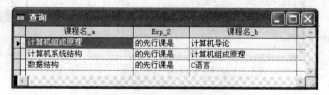

3. 超联接查询

前面介绍的联接查询只有满足联接条件，相应的结果才会出现在查询结果中。如果要把不符合联接条件的记录查询出来，就要利用超联接查询。超联接分为内联接（也称为等值联接）、左联接、右联接和全联接。其语法结构如下：

【格式】

SELECT…;

FROM <基本表名>INNER|LEFT|RIGHT|FULL JOIN <基本表名>;

　ON <联接条件表达式>…WHERE<条件表达式>…

【说明】

（1）INNER JOIN 或 JOIN 为内联接，也称为等值联接，按照联接条件进行联接，不满足条件的记录不会出现在查询结果中，是常用的一种联接形式。

（2）LEFT JOIN 为左联接，除按照联接条件进行联接外，最左侧表（第一个表）中不满足条件的记录也会出现在查询结果中。

（3）RIGHT JOIN 为右联接，除按照联接条件进行联接外，最右侧表（最后一个表）中不满足条件的记录也会出现在查询结果中。

（4）FULL JOIN 为全联接，除按照联接条件进行联接外，两个表（第一个表和最后一个表）中不满足条件的记录也会出现在查询结果中。

（5）ON 指明联接条件。在超联接查询中，联接条件不能写在 WHERE 语句后，只能写在 ON 语句后。

【例 4.38】　内联接查询学生的学号、姓名、课程号和成绩信息。

```
SELECT 学生.学号,姓名,课程号,成绩 FROM 学生 JOIN 选课;
ON 学生.学号=选课.学号
```

此内联接查询等价于例 4.33 的普通联接查询。查询结果如图 4-35 所示。

【例 4.39】　内联接查询学生的学号、姓名、课程名和成绩信息。

```
SELECT 学生.学号,姓名,课程名,成绩 FROM;
(学生 JOIN 选课 ON 学生.学号=选课.学号);
JOIN 课程 ON 选课.课程号=课程.课程号
```

此查询等价于另一种内联接查询方式：

```
SELECT 学生.学号,姓名,课程名,成绩 FROM 学生 JOIN 选课 JOIN 课程;
ON 选课.课程号=课程.课程号 ON 学生.学号=选课.学号
```

注　意

后一种写法中，多个表用"JOIN"语句联接的顺序要与联接条件"ON"的顺序恰好相反。

上面的内联接查询等价于例 4.35 的普通联接查询。查询结果如图 4-37 所示。

【例 4.40】　左联接查询学生的学号、姓名、课程号和成绩信息。

```
SELECT 学生.学号,姓名,课程号,成绩 FROM 学生 LEFT JOIN 选课;
ON 学生.学号=选课.学号
```

学生表中有三个学生没有选课，因为是左联接查询，所以第一个表中不满足联接条件的记录也会出现在查询结果中，由于这些学生没有选课，因此相应的课程号和成绩为空。查询结果如图 4-40 所示。

【例 4.41】　右联接查询学生的学号、课程名和成绩信息。

```
SELECT 学号,课程名,成绩 FROM 选课 RIGHT JOIN 课程;
ON 选课.课程号=课程.课程号
```

课程表中有一门课程没有被学生所选，因为是右联接查询，所以最后一个表中不满足联接条件的记录也会出现在查询结果中，由于该课程没有被学生所选，因此相应的学号和成绩为空。查询结果如图 4-41 所示。

学号	姓名	课程号	成绩
11010001	王欣	001	95
11010001	王欣	004	85
11010002	张美芳	001	90
11010003	杨永丰	001	92
11060001	周军	002	88
11060001	周军	005	80
11060002	孙志奇	002	86
11060003	胡丽梅	.NULL.	.NULL.
11060004	李丹阳	.NULL.	.NULL.
11080001	郑志	003	98
11080001	郑志	005	75
11080002	赵海军	.NULL.	.NULL.

图 4-40 例 4.40 查询结果

学号	课程名	成绩
11010001	大学计算机基础	95
11010002	大学计算机基础	90
11010003	大学计算机基础	92
11060001	数据库设计与应用	88
11060002	数据库设计与应用	86
11080001	多媒体技术与应用	98
11010001	大学体育	85
11060001	大学英语	80
11080001	大学英语	75
.NULL.	马克思主义原理	.NULL.

图 4-41 例 4.41 查询结果

【例 4.42】 全联接查询学生的学号、姓名、课程名和成绩的信息。

```
SELECT 学生.学号,姓名,课程名,成绩 FROM;
学生 FULL JOIN 选课 FULL JOIN 课程;
ON 选课.课程号=课程.课程号 ON 学生.学号=选课.学号
```

全联接除按照联接条件进行联接外，两个表（第一个表和最后一个表）中不满足条件的记录也会出现在查询结果中，即全联接查询的结果是左联接查询和右联接查询结果的并集。查询结果如图 4-42 所示。

学号	姓名	课程名	成绩
11010001	王欣	大学计算机基础	95
11010001	王欣	大学体育	85
11010002	张美芳	大学计算机基础	90
11010003	杨永丰	大学计算机基础	92
11060001	周军	数据库设计与应用	88
11060001	周军	大学英语	80
11060002	孙志奇	数据库设计与应用	86
11060003	胡丽梅	.NULL.	.NULL.
11060004	李丹阳	.NULL.	.NULL.
11080001	郑志	多媒体技术与应用	98
11080001	郑志	大学英语	75
11080002	赵海军	.NULL.	.NULL.
.NULL.	.NULL.	马克思主义原理	.NULL.

图 4-42 例 4.42 查询结果

4.2.9 空值查询

在 SELECT 语句中，使用 IS NULL 和 IS NOT NULL 来查询某个字段的值是否为空值。

【例 4.43】 查询有哪些学生没有选课，查询结果包含学号、姓名和成绩三个字段。

此查询分两步完成：

（1）生成临时表 TEMP。

```
SELECT 学生.学号,姓名,成绩 FROM 学生 LEFT JOIN 选课;
ON 学生.学号=选课.学号 INTO CURSOR TEMP
```

因为是左联接查询，所以第一个表中不满足联接条件的记录也会出现在查询结果中，即学生表中没有选课的学生也会出现在查询结果中。由于这些学生没有选课，因此相应的成绩为空。临时表 TEMP 中记录如图 4-43 所示。

（2）查找成绩为空的记录。

```
SELECT * FROM TEMP WHERE 成绩 IS NULL
```

在临时表 TEMP 中查找成绩为空的记录，即为没有选课的学生记录。查询结果如图 4-44 所示。

图 4-43　临时表 TEMP

图 4-44　例 4.43 查询结果

> **注意**
>
> 空值查询时要使用"IS NULL"，不能使用"=NULL"，因为空值不是一个确定的值，所以不能使用比较运算符"="来判断。

4.2.10　嵌套查询

当查询的条件依赖于另一个查询的结果时，就要在查询条件 WHERE 子句中嵌套一个子查询。

1. 带有比较运算的子查询

当子查询的返回结果是一条记录的一个字段值（即一个数值）时，可以使用<、>、=、!=等比较运算符进行查询。

【例 4.44】　查询"学生"表中与"王欣"同一专业的学生的学号、姓名和专业。

```
SELECT 学号,姓名,专业 FROM 学生;
WHERE 专业=(SELECT 专业 FROM 学生 WHERE 姓名="王欣")
```

查询结果如图 4-45 所示。

2. 带有量词的子查询

在使用<、>、=、!=等比较运算符时，子查询的结果只能是一个数值，当子查询的结果是多条记录或多个字段值时，应使用带有量词 ANY、ALL、SOME 的查询语句。

【格式】   <表达式><比较运算符>[ANY|ALL|SOME] (子查询)

【说明】   ANY、ALL 和 SOME 都是量词，其中 ANY 和 SOME 是同义词，在进行比较运算时，只要子查询中有一条记录能使结果为真，则结果就为真。ALL 则要求子查询中所有记录都使结果为真，结果才为真。

【例 4.45】   查询"学生"表中入学成绩大于所有男生入学成绩的姓名和入学成绩信息。

```
SELECT 姓名,入学成绩 FROM 学生;
WHERE 入学成绩>ALL(SELECT 入学成绩 FROM 学生 WHERE 性别="男")
```

由于学生表中有多条男生记录，即子查询有多个结果，所以要使用量词。查询结果如图 4-46 所示。

图 4-45   例 4.44 查询结果

图 4-46   例 4.45 查询结果

查询大于男生的所有入学成绩，等价于查询大于男生的最高入学成绩，所以此查询等价于

```
SELECT 姓名,入学成绩 FROM 学生;
WHERE 入学成绩>(SELECT MAX(入学成绩) FROM 学生 WHERE 性别="男")
```

由于最高成绩是一个数值，所以此查询可以不用使用量词 ALL。

3. 带有谓词的子查询

在子查询前还可以使用谓词[NOT] IN 和[NOT] EXISTS，IN 和 NOT IN 表示某个字段值是否在子查询中出现过，EXISTS 和 NOT EXISTS 判断子查询是否存在查询结果。

【例 4.46】   查询选修了"002"或"005"课程的学生的学号和课程号。

```
SELECT 学号,课程号 FROM 选课 WHERE 课程号 IN ("002","005")
```

此查询等价于

```
SELECT 学号,课程号 FROM 选课 WHERE 课程号="002" OR 课程号="005"
```

查询结果如图 4-47 所示。

【例 4.47】   查询同时选修了"002"和"005"课程的学生的学号。

　　SELECT 学号 FROM 选课 WHERE 课程号="002" AND;
　　学号 IN (SELECT 学号 FROM 选课 WHERE 课程号="005")

　　在主查询中查找选修了"002"课程的学号，如果这些学号也出现在选修了"005"课程的学号中，那么这些学生既选修了"002"课程，又选修了"005"课程。

　　查询结果如图 4-48 所示。

图 4-47　例 4.46 查询结果

图 4-48　例 4.47 查询结果

注意

　　上面的 SQL 语句中使用的 IN 语句不能替换成"="（等号），因为选修了"005"课程的学生有很多，子查询的返回结果有多条记录，所以不能使用等号比较。

【例 4.48】 查询没有选修任何一门课的学生信息。

　　SELECT * FROM 学生 WHERE NOT EXISTS;
　　(SELECT * FROM 选课 WHERE 学号=学生.学号)

　　此查询可以理解为在"学生"表中查找在子查询中（该学生的选课信息）不存在查询结果的学生信息。查询结果如图 4-49 所示。

学号	姓名	性别	民族	出生日期	专业	入学成绩	简历	照片
11060003	胡丽梅	女	汉	01/12/92	物理	478	memo	gen
11060004	李丹阳	女	汉	02/15/92	物理	470	memo	gen
11080002	赵海军	男	藏	08/01/92	计算机	479	memo	gen

图 4-49　例 4.48 查询结果

注意

　　存在谓词[NOT] EXISTS 本身没有比较或运算，只是判断子查询中是否有查询结果，所以与其他嵌套查询不同，在谓词[NOT] EXISTS 前没有相应的字段名。

　　此查询也可以用 NOT IN 语句来实现：

　　SELECT * FROM 学生 WHERE 学号 NOT IN (SELECT 学号 FROM 选课)

【例 4.49】 查询至少选修一门课的学生信息。

　　SELECT * FROM 学生 WHERE EXISTS;
　　(SELECT * FROM 选课 WHERE 学号=学生.学号)

此查询可以理解为在"学生"表中查找在子查询中（该学生的选课信息）存在查询结果的学生信息。查询结果如图 4-50 所示。

此查询也可以用 IN 语句来实现：

```
SELECT * FROM 学生 WHERE 学号 IN (SELECT 学号 FROM 选课)
```

EXISTS 等同于简单联接，查询语句等价于

```
SELECT DISTINCT 学生.* FROM 学生,选课 WHERE 学生.学号=选课.学号
```

【例 4.50】   查询所有成绩都高于或等于 90 分的学生的学号和姓名。

```
SELECT 学号,姓名 FROM 学生 WHERE NOT EXISTS;
(SELECT * FROM 选课 WHERE 成绩 < 90 AND 学号 = 学生.学号) AND;
学号 IN (SELECT 学号 FROM 选课)
```

查询结果如图 4-51 所示。

图 4-50   例 4.49 查询结果   图 4-51   例 4.50 查询结果

此查询也可以用 NOT IN 子句来实现：

```
SELECT 学号,姓名 FROM 学生 WHERE;
学号 NOT IN (SELECT 学号 FROM 选课 WHERE 成绩< 90 ) AND;
学号 IN (SELECT 学号 FROM 选课)
```

此查询还可以用分组查询来实现：

```
SELECT 学生.学号,姓名 FROM 学生,选课;
WHERE 学生.学号=选课.学号 GROUP BY 选课.学号 HAVING MIN(成绩)>=90
```

在分组查询中，对选课表中的学号进行分组，那么每组中的记录就是同一个学生的选课记录，如果每组的最低成绩都高于或等于 90 分，那么这名学生的所有成绩都高于或等于 90 分。

4.2.11 集合的并运算

SELECT 语句的查询结果是记录的集合，可以利用 UNION 并运算把两个查询结果并在一起，为了完成并运算，两个查询的结果要求具有相同的字段数，并且对应字段的数据类型和取值范围应该一致。

【格式】<SELECT 语句 1> UNION [ALL] <SELECT 语句 2>

【说明】可以使用多个 UNION 语句，UNION 语句默认组合结果中排除重复记录，

使用 ALL，则允许包含重复记录。

【例 4.51】　查询选修了"002"或"005"课程的学生的学号和课程号。

```
SELECT 学号,课程号 FROM 选课 WHERE 课程号="002";
UNION;
SELECT 学号,课程号 FROM 选课 WHERE 课程号="005"
```

查询结果如图 4-47 所示。

4.3　SQL 的数据定义

标准的 SQL 数据定义功能包括数据库的定义、表的定义、视图的定义、存储过程的定义、规则的定义和索引的定义等。Visual FoxPro 支持表的定义和视图的定义。

4.3.1　创建表

【格式】
CREATE TABLE <表名> (<字段名 1> <数据类型> [(<宽度> [,<小数位数>])]);
[，<字段名 2>…];
[NULL | NOT NULL];
[CHECK　域完整性约束条件 [ERROR　出错信息]] [DEFAULT　默认值];
[PRIMARY KEY] ;
[UNIQUE])

【说明】
（1）定义表的各个属性时，需要指明其数据类型及宽度。常用的数据类型说明如表 4-4 所示。

（2）NULL 或 NOT NULL：说明字段允许或不允许为空值。

（3）CHECK：说明字段有效性规则，其后面的表达式为逻辑型。

（4）ERROR：出错提示信息。类型为字符型，外面要加定界符。

（5）DEFAULT：字段默认值。类型取决于该字段的类型。

（6）PRIMARY KEY：建立主索引。

（7）UNIQUE：建立候选索引（注意：不是唯一索引）。

表 4-4　数据类型说明

字段类型	定义格式	字段宽度
字符型	C(n)	n
数值型	N(n,d)	宽度为 n，小数位为 d
日期型	D	系统定义 8
整型	I	系统定义 4
货币型	Y	系统定义 8
逻辑型	L	系统定义 1
备注型	M	系统定义 4
通用型	G	系统定义 4

【**例 4.52**】 在"教学"数据库中，使用 SQL 命令建立与"学生"表结构一样的表"STUDENT"，"学生"表的表结构见表 3-2。

打开"教学"数据库后，在"命令"窗口执行下面命令：

```
CREATE TABLE STUDENT(学号 C(8),姓名 C(8),性别 C(2),民族 C(2),;
出生日期 D,专业 C(10),入学成绩 n(4,0),个人简历 M,照片 G)
```

命令执行后，新建的"STUDENT"表成为当前表，单击"显示"菜单的"表设计器"命令，可以看到表 STUDENT.DBF 的结构，如图 4-52 所示。

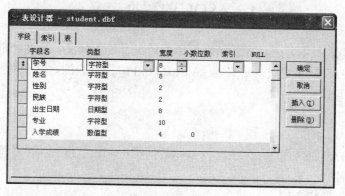

图 4-52　"STUDENT"表结构

【**例 4.53**】 在"教学"数据库中建立"TEACHER"表，"TEACHER"表的结构为：教师(教师号 C(6),姓名 C(8),职称 C(6),党员否 L,年龄 I)，按"教师号"建立主索引，按"姓名"建立候选索引，为"年龄"设置字段有效性规则：年龄应大于零，否则提示错误信息"年龄应为非负"，默认值为 30。

```
CREATE TABLE TEACHER(教师号 C(6) PRIMARY KEY,;
姓名 C(8) UNIQUE,职称 C(6),党员否 L,;
年龄 I CHECK 年龄>0 ERROR "年龄应为非负" DEFAULT 30)
```

建立的表结构和索引如图 4-53 和图 4-54 所示。

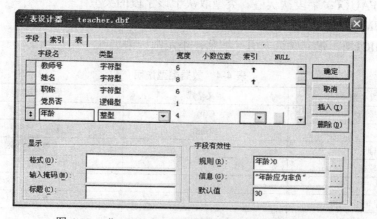

图 4-53　"TEACHER"表的结构及字段有效性设置

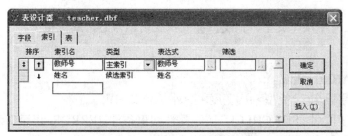

图 4-54　"TEACHER"表的主索引和候选索引

4.3.2　修改表结构

【格式】

ALTER TABLE <表名> ;

ADD | ALTER [COLUMN] | DROP [COLUMN] | RENAME [COLUMN] ;

(<字段名> <类型> [(<宽度> [,<小数位数>])]…) ;

[SET|DROP CHECK　域完整性约束条件　[ERROR　出错信息]];

[SET|DROP DEFAULT　默认值];

[ADD|DROP PRIMARY KEY [<主索引关键字>] TAG <索引名>];

[ADD|DROP UNIQUE [<候选索引关键字>] TAG <索引标记>]

为了方便理解，我们可以把 ALTER TABLE…命令分成四种格式，即添加（ADD）、修改（ALTER）、删除（DROP）和重命名（RENAME）。

1. 添加新字段（设置字段规则）、增加索引

【格式】

ALTER TABLE <表名> ;

ADD <字段名> <类型> [(<宽度> [,<小数位数>])] ;

CHECK　域完整性约束条件　[ERROR　出错信息] [DEFAULT　默认值];

ADD PRIMARY KEY <主索引关键字> TAG <索引名>;|

ADD UNIQUE <候选索引关键字> TAG <索引名>

【例 4.54】　向"TEACHER"表增加一个"应发工资"字段（数值型，宽度为 7 位，小数为 2 位），要求应发工资大于零，如果输入错误，系统提示"应发工资应为非负"，默认值为 2000。

```
ALTER TABLE TEACHER;
ADD 应发工资 N(7,2);
CHECK 应发工资>0 ERROR "应发工资应为非负" DEFAULT 2000
```

【例 4.55】　将"STUDENT"表中的"学号"定义为主索引，索引名为 XH。

```
ALTER TABLE STUDENT ADD PRIMARY KEY 学号 TAG XH
```

【例 4.56】　将"STUDENT"表中的"姓名"定义为候选索引，索引名为 XM。

```
ALTER TABLE STUDENT ADD UNIQUE 姓名 TAG XM
```

2. 修改表的字段（类型，宽度，有效性规则，信息，默认值）

【格式】

ALTER TABLE <表名> ;

ALTER <字段名> <类型> [(<宽度> [,<小数位数>])];

ALTER <字段名> SET CHECK 域完整性约束条件 [ERROR 出错信息]];

ALTER <字段名> SET DEFAULT 默认值;

【例 4.57】 将"TEACHER"表中的"姓名"字段宽度由 8 改为 6。

```
ALTER TABLE TEACHER ALTER 姓名 C(6)
```

【例 4.58】 修改"TEACHER"表中的"年龄"字段的有效性规则，要求年龄大于 20，错误提示为"年龄应大于 20 岁"，其默认值为 25。

```
ALTER TABLE TEACHER;
ALTER 年龄 SET CHECK 年龄>20 ERROR "年龄应大于 20 岁";
ALTER 年龄 SET DEFAULT 25
```

3. 删除字段、索引、规则和默认值

【格式】

ALTER TABLE <表名>;

DROP [COLUMN] <字段名>;

DROP PRIMARY KEY;

DROP UNIQUE TAG <索引名> ;

ALTER <字段名> DROP CHECK;

ALTER <字段名> DROP DEFAULT

【例 4.59】 删除"TEACHER"表中"应发工资"字段。

```
ALTER TABLE TEACHER DROP COLUMN 应发工资
```

【例 4.60】 删除"STUDENT"表中的主索引 XH。

```
ALTER TABLE STUDENT DROP PRIMARY KEY
```

【例 4.61】 删除"STUDENT"表中的候选索引 XM。

```
ALTER TABLE STUDENT DROP UNIQUE TAG XM
```

注 意

删除主索引不能指定索引名。

【例 4.62】 删除"TEACHER"表中"年龄"字段的有效性规则。

```
ALTER TABLE TEACHER ALTER 年龄 DROP CHECK
```

4. 重命名

【格式】

ALTER TABLE <表名> RENAME [COLUMN] <字段名 1> TO <字段名 2>

【例 4.63】　将 "TEACHER" 表中的 "党员否" 字段的名称改为 "是否党员"。

```
ALTER TABLE TEACHER RENAME COLUMN 党员否 TO 是否党员
```

4.3.3　删除表

【格式】DROP TABLE <表名>

该命令将表从数据库中物理删除，在执行该命令时最好将数据库打开，再删除其中的表；否则，表可以被删除，但是表在数据库中的信息将不能被删除，此后打开数据库将出现错误信息。

4.4　SQL 的数据操纵

SQL 数据操纵主要包括对数据表中数据的插入（INSERT）、更新（UPDATA）和删除（DELETE）。

4.4.1　插入记录

【格式】

INSERT INTO <表名>[(<字段名 1> [,<字段名 2>,…])];

VALUES (<表达式 1>[,<表达式 2>,…])

【功能】在指定表的末尾追加一条新记录。该记录的字段名 1 的取值为表达式 1 的值，字段名 2 的取值为表达式 2 的值……

【说明】

（1）如果给表中每个字段都插入一个值，且插入的数据顺序与表中字段的顺序一致，则 VALUES 前的字段列表可省略。

（2）VALUE 子句中表达式的数据类型必须与 INTO 子句中对应字段的数据类型一致，否则运行时将提示 "数据类型不匹配" 错误。

【例 4.64】　向 "教师" 表中插入一条记录（"000000","王飞","女","教授",.T.,45）。

```
INSERT INTO 教师 VALUES("000000","王飞","女","教授",.T.,45)
```

等价于

```
INSERT INTO 教师(教师号,姓名,性别,职称,党员否,年龄);
VALUES("00000","王飞","女","教授",.T.,45)
```

4.4.2　删除记录

【格式】DELETE FROM <表名> [WHERE <条件>]

【功能】逻辑删除指定表中满足 WHERE 子句条件的记录，如果省略 WHERE 子句，则删除表中的全部记录。

【例 4.65】 删除“教师”表中教师号为 000000 的记录。

```
DELETE FROM 教师 WHERE 教师号="000000"
```

注 意

该命令只是逻辑删除表中的记录，如图 4-55 所示。如果是物理删除，还需要再使用 PACK 命令。

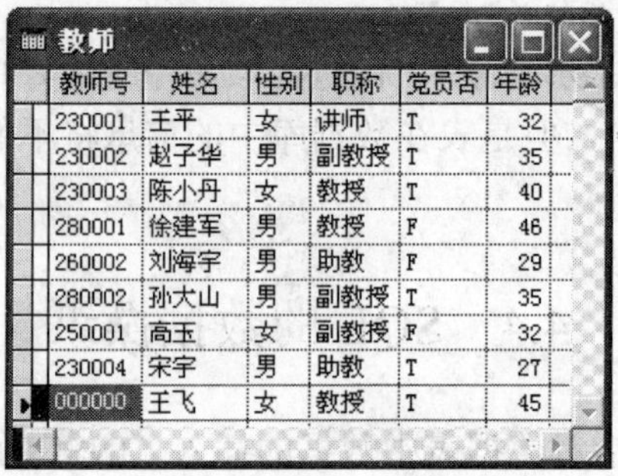

教师号	姓名	性别	职称	党员否	年龄
230001	王平	女	讲师	T	32
230002	赵子华	男	副教授	T	35
230003	陈小丹	女	教授	T	40
280001	徐建军	男	教授	F	46
260002	刘海宇	男	助教	F	29
280002	孙大山	男	副教授	T	35
250001	高玉	女	副教授	F	32
230004	宋宇	男	助教	T	27
000000	王飞	女	教授	T	45

图 4-55 逻辑删除后的教师表

4.4.3 更新记录

【格式】

UPDATE <表名>;

SET <字段名 1>=<表达式 1> [,<字段名 2>=<表达式 2>,…];

[WHERE <条件>]

【功能】更新指定表中满足 WHERE 子句条件的记录，用 SET 子句中表达式的值取代相应字段的值。如果没有 WHERE 子句，将更新表中的所有记录。

【例 4.66】 将“教师”表中所有教师的年龄增加 1 岁。

```
UPDATE 教师 SET 年龄=年龄+1
```

【例 4.67】 将“课程”表中，课程号为“005”的课程学时增加 20%。

```
UPDATE 课程 SET 学时=学时*1.2 WHERE 课程号="005"
```

4.5 本 章 小 结

本章主要介绍了 SQL 语言的查询功能、定义功能和数据操纵功能。SQL 语言的 SELECT 查询语句是重点掌握的内容，需要灵活运用不同的子句来完成排序查询、分组查询、使用谓词的查询以及查询去向的设置。SQL 语言的定义功能主要介绍了数据表的定义，即创建表、修改表结构和删除表。SQL 语言的数据操纵功能主要包括对数据表中数据的插入、更新和删除。

4.6 习　　题

一、选择题

1. SQL 语言非常简洁，易学易用，能够对数据库进行数据查询、数据定义和数据修改和数据控制，在 Visual FoxPro 6.0 中不支持_____操作。
  A. 数据查询   B. 数据定义
  C. 数据修改   D. 数据控制

2. 用 SQL 语言查询时，使用_____语句将查询结果存放到临时表中。
  A. TO CURSOR   B. INTO CURSOR
  C. INTO ARRAY   D. INTO DBF

3. 在 SQL 的 ALTER TABLE 语句中，为了增加一个新字段，应该使用_____子句。
  A. CREATE   B. APPEND
  C. COLUMN   D. ADD

4. SQL 语言提供数据库和表的定义功能，创建表的命令是_____。
  A. CREATE   B. CREATE TABLE
  C. DROP   D. ALTER

5. 在查询过程中，可能会遇到一些简单的计算，统计记录个数的计算函数是_____。
  A. COUNT( )   B. SUM( )
  C. AVG( )   D. MAX( )

二、填空题

1. SELECT 命令中，表示条件表达式用 WHERE 子句，分组用_____子句，排序用 ORDER BY 子句。

2. 超联接查询分为内联接（也称为等值联接）、左联接、右联接和_____。

3. SQL 语言查询时，使用_____语句将查询结果存放在变量数组中。

4. 当查询的值介于什么范围之内，可以使用_____子句进行查询。

5. 使用_____语句可以只显示排序之后的前百分之多少条记录。

三、思考题

1. SQL 语言的主要功能有哪些？

2. 试说明内联接、左联接、右联接和全联接的区别。

3. HAVING 语句是否可以单独使用？

4. ORDER BY 语句可以在子查询中使用吗？

5. WHERE、ORDER BY、GROUP BY 和 HAVING 这些子句后面，哪些可以接表达式，哪些可接虚拟字段？

第 5 章　查询与视图

学习目标

- 熟练掌握查询文件的建立、执行与修改。
- 熟练掌握查询设计器的使用方法。
- 熟练掌握本地视图的建立、查看与修改。

　　SQL 中的 SELECT 语句可以实现对数据的查询，但是需要用户写出命令语句。查询则采用可视化的方式进行 SELECT 语句的设计和保存，方便以后多次反复使用。视图是使用 SELECT 语句从一个或多个表中导出的虚拟表，用户可以像使用表一样使用视图。查询和视图是 Visual FoxPro 实现对数据库中的数据进行检索的两个重要工具。创建查询和创建视图的过程类似，都可以使用设计器或向导来完成。

5.1　查　　询

　　第 4 章介绍的 SQL SELECT 命令是一个动词，指从一个或多个数据表或视图中查询满足条件的记录。本章介绍的"查询"是一个名词，是 Visual FoxPro 支持的一种为方便检索数据的工具或方法，即利用可视化的方式定义一个 SELECT 语句，并将其以扩展名为.QPR 的查询文件保存在磁盘上，查询文件可以被修改和反复使用。

　　在 Visual FoxPro 中，经常使用查询设计器和查询向导来建立查询。

5.1.1　利用查询设计器创建查询

　　【例 5.1】　使用"教学"数据库中的"学生"表，设计一个名为"学生信息"的查询文件。查询少数民族学生中入学成绩前 3 名学生的姓名、性别、民族、专业和入学成绩信息，查询结果按入学成绩降序排序，入学成绩相同按性别升序排序，将查询结果保存在"one"表中。假设已打开"教学"数据库。

　　1）新建查询

　　选择"文件"→"新建"命令，或单击"常用"工具栏上的"新建"按钮，打开"新建"对话框，选择"查询"选项，单击"新建文件"按钮，打开"查询设计器"窗口。

　　2）添加表或视图

　　打开"查询设计器"后，弹出"添加表或视图"对话框，如图 5-1 所示。

　　在"添加表或视图"对话框中，可选择作为查询对象的表或视图。"其他"按钮用于选择其他数据表或自由表。"选定"选项组用于指定查询对象的类型：表或视图。

　　本例在"数据库"下拉列表框中选择"教学"数据库，添加"学生"表。

关闭"添加表或视图"对话框，进入"查询设计器"的设计窗口。

3）设计查询

"查询设计器"的设计窗口由查询对象显示窗口和若干选项卡组成，如图 5-2 所示。

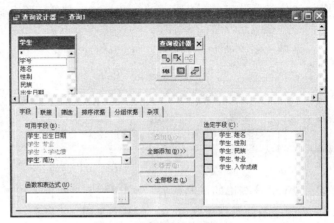

图 5-1　　"添加表或视图"对话框　　　　　　图 5-2　　"查询设计器"窗口

"查询设计器"的各选项卡和 SQL SELECT 语句的各子句是相对应的，其含义及对应关系如下：

- 字段：用于指定包含在查询结果中的字段或字段表达式，对应于 SELECT 子句。
- 联接：用于指定各数据表或视图之间的联接关系，对应于 JOIN ON 子句。
- 筛选：用于指定查询条件，对应于 WHERE 子句。
- 排序依据：用于指定查询结果中记录的排列顺序，对应于 ORDER BY 子句。
- 分组依据：用于分组，对应于 GROUP BY 子句和 HAVING 子句。
- 杂项：用于指定是否显示重复记录和排列在前面的记录，分别对应于 DISTINCT 子句和 TOP 子句。

（1）设计查询的输出字段："字段"选项卡用来设置查询结果的输出字段或字段表达式。"可用字段"列表框中列出了所选表或视图的全部可用字段，通过单击"添加"按钮可将选定的字段或字段表达式添加至"选定字段"列表框中。

如果要设置表达式，可单击"函数和表达式"右侧的按钮，在弹出的"表达式生成器"对话框中设置，或者在"函数和表达式"下方的文本框中直接输入表达式。

本例在"可用字段"列表框中选择"学生.姓名"、"学生.性别"、"学生.民族"、"学生.专业"和"学生.入学成绩"字段，将其添加至选定字段中，如图 5-2 所示。

（2）设计查询的筛选条件："筛选"选项卡用来设置查询的筛选条件。筛选条件可以由一个字段的关系表达式或多个字段的关系表达式逻辑组合而成。

① 确定字段：若筛选的对象是字段，可从"字段名"下拉列表框中选择要建立筛选条件的字段名；若筛选的对象是由字段构造的表达式，则在"字段名"下拉列表框中选择"<表达式…>"，在随后弹出的"表达式生成器"对话框中编辑表达式。

② 条件筛选：从"条件"下拉列表框中，选择用于比较的关系运算符，表示查询与该条件相匹配的记录。若选择"否"复选框，则表示排除与该条件相匹配的记录。若要设置多个查询条件，可按上述步骤重复操作，并在"逻辑"列表框中选择各表达式间

的逻辑关系运算符。

③ 输入条件值：在"实例"文本框中输入比较值。若比较值是逻辑型常量，则该常量必须写成.F.或.T.；若比较值是日期型常量，需要使用严格日期格式{^yyyy/mm/dd}；若比较值是字符串，不必在字符串两端加定界符，除非输入的字符串与所用表的字段名相同。若想忽略字符的大小写，应选择"大小写"复选框。

本例选择"学生.民族◇汉"作为筛选条件，"◇"对应"否"下的选项，如图 5-3 所示。

图 5-3　　"筛选"选项卡

（3）设计查询的排序依据："排序依据"选项卡用于设置查询结果记录的排序条件。"排序条件"列表框可以包含多个字段。

在"排序选项"选项组中，可选择"升序"或"降序"单选按钮来确定排序方式。

本例选择"学生.入学成绩"作为第 1 排序字段，排序方式选择"降序"，选择"学生.性别"作为第 2 排序字段，排序方式选择"升序"，如图 5-4 所示。

（4）设计查询的杂项设置："杂项"选项卡如图 5-5 所示。"无重复记录"选项用来确定是否显示结果中的重复记录；"列在前面的记录"选项用来确定显示全部记录还是显示列在前面的部分记录。

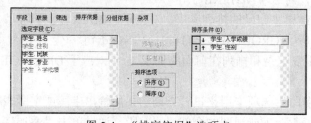

图 5-4　　"排序依据"选项卡

图 5-5　　"杂项"选项卡

本例取消"全部"复选框，记录个数选择"3"，如图 5-5 所示。

（5）定义查询去向：查询检索到的数据可以以不同的文件形式保存，形成多样化的数据资源。可以利用"查询去向"对话框设置查询结果的去向。

打开"查询去向"对话框，常用以下方法。

① 单击如图 5-6 所示的"查询设计器"工具栏中的🖭按钮，打开"查询去向"对话框。

② 选择"查询"→"查询去向"命令，打开"查询去向"对话框。

"查询去向"对话框如图 5-7 所示。用户可以根据需要，选择浏览、临时表、表、图形、屏幕、报表和标签等七种不同的输出去向，形成特定类型的文件。

"查询去向"对话框中的按钮含义如下：

● 浏览：将查询结果显示在浏览窗口中，这是查询设计器的默认设置。

● 临时表：将查询结果存储在用户命名的只读临时表中，对于临时表系统不会保存。

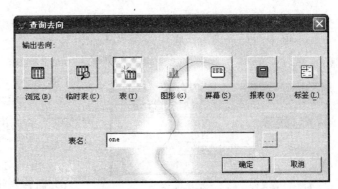

图 5-6 "查询设计器"工具栏   图 5-7 "查询去向"对话框

- 表：将查询结果存储在用户命名的数据表（.dbf）中。
- 图形：将查询结果输出到 MS Graph 程序以绘制图表。
- 屏幕：将查询结果显示在 Visual FoxPro 主窗口中，也可以选择"到文本文件"选项，输出到文本文件中。
- 报表：将查询结果输出到报表文件（.frx）中。
- 标签：将查询结果输出到标签文件（.lbx）中。

本例选择输出去向为"表"，在表名后的文本框中输入"one.dbf"。

4）查看生成的 SQL 语句

利用查询设计器可以自动生成 SQL 语句。单击"查询设计器"工具栏中的"SQL"按钮，弹出一个文本窗口，自动生成的 SQL 语句显示在窗口中，如图 5-8 所示。

如果数据源表是数据库表，则在表名前显示其所在数据库的名称和叹号，如"教学！学生"，如图 5-8 所示。

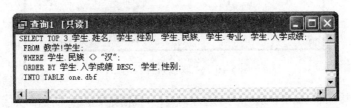

图 5-8 例 5.1 生成的 SQL 语句代码

5）保存查询

选择"文件"→"保存"命令，在打开的"保存"对话框中选择保存路径，输入查询的名称"学生信息.QPR"，单击"保存"按钮。

查询文件是一个扩展名为.QPR 的文本文件，可直接用各种文本编辑器来打开，并对其中的 SQL 语句进行编辑修改。

6）运行查询

运行查询的常用方式如下：

① 单击"常用"工具栏上的"运行"按钮 ！。

② 选择"查询"→"运行查询"命令。

运行查询后，系统将按照在"查询去向"对话框中指定的输出方式显示查询结果。本例中运行查询后，将生成表"one.dbf"。

选择"显示"→"浏览"命令，浏览表 one 的记录，如图 5-9 所示。

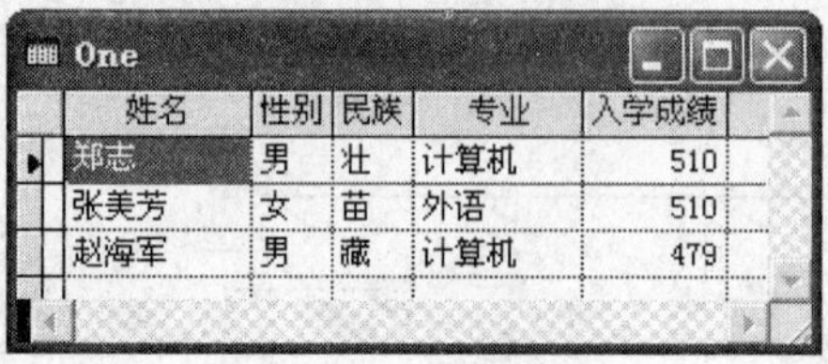

图 5-9　例 5.1 查询结果

【例 5.2】　使用"教学"数据库中的"学生"表和"选课"表，建立名为"学生成绩查询.QPR"的查询文件，查询"外语"专业选修两门以上课程学生的学号、姓名、选课门数、平均分、最高分，查询结果按平均分降序排序。

1）新建查询

使用 5.1.1 节的方法创建查询。

2）添加表

依次添加"学生"表和"选课"表。

当建立基于多个表的查询时，这些表之间必须是有联系的，查询设计器会自动根据联系提取联接条件，打开"联接条件"对话框，如图 5-10 所示。"联接类型"有四种，其类型、含义与 SQL 语言中的超联接相同，详见第 4 章。

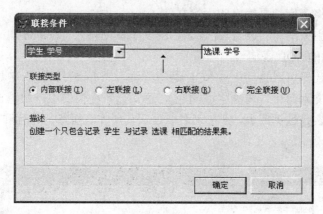

图 5-10　"联接条件"对话框

本例的联接条件为"学生.学号=选课.学号"，联接类型为"内部联接"。

如果表与表之间没有联系，或者产生的联系有错误，用户可以手动设置联接条件。

关闭"添加表或视图"窗口，进入"查询设计器"的设计窗口。

3）设计查询

（1）设计查询的输出字段：将"学生.学号"和"学生.姓名"字段添加至"选定字段"中。

在"字段"选项卡的"函数和表达式"编辑框中输入表达式：COUNT(*) as 选课门数，如图 5-11 所示，单击"添加"按钮把它添加到"选定字段"中；单击"函数和表达式"右侧的按钮，打开"表达式生成器"对话框，如图 5-12 所示，设计表达式为：AVG(选课.成绩) as 平均分，把它添加到"选定字段"中；按同样的方式设计表达式：MAX(选课.成绩) as 最高分，把它添加到"选定字段"中，如图 5-13 所示。

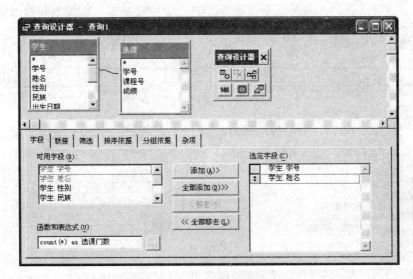

图 5-11　定义"表达式和函数"

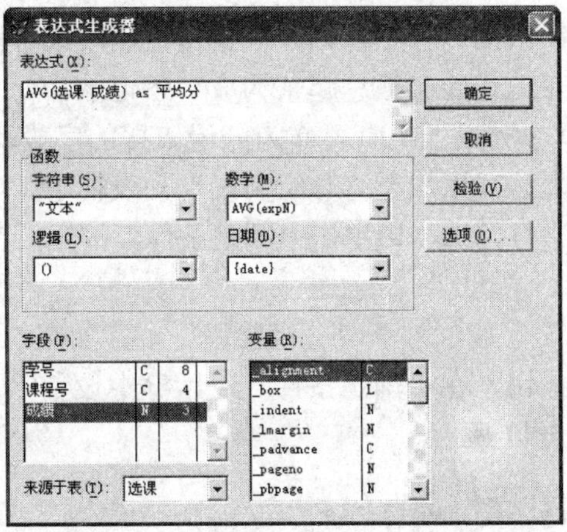

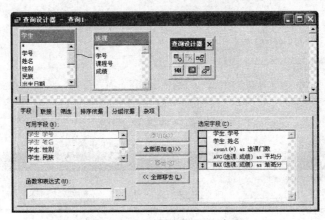

图 5-12　"表达式生成器"对话框

图 5-13　"查询设计器"窗口

（2）设计筛选条件：将筛选条件设为"学生.专业=外语"，如图 5-14 所示。

图 5-14　"筛选"选项卡

（3）设计排序依据：本例排序条件设置为平均分降序，如图 5-15 所示。

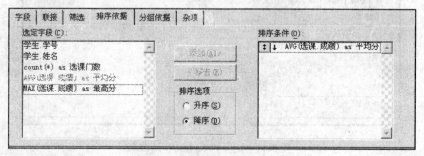

图 5-15　"排序依据"选项卡

（4）设计查询的分组依据：分组查询是根据指定字段或字段表达式的值进行分组，将一组指定字段或字段表达式的值汇总起来构成一条记录。

"可用字段"列表框中列出了所有可作为分组依据的字段，通过单击"添加"按钮可将选定的字段或字段表达式添加至"分组字段"列表框中。

如果要对分组记录进行筛选，则单击"满足条件"按钮，在弹出的"满足条件"对话框中设置筛选条件。

本例将"学生.学号"字段添加至"分组字段"中，如图 5-16 所示。

单击"满足条件"按钮，在"满足条件"对话框中设置"选课门数>=2"作为分组记录的筛选条件，如图 5-17 所示。

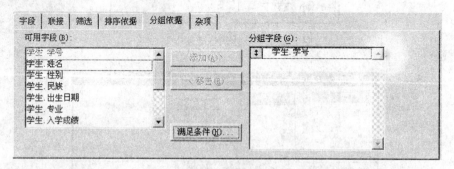

图 5-16　"分组依据"选项卡

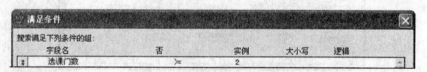

图 5-17　"满足条件"对话框

4）保存查询

将查询保存为"学生成绩查询.QPR"文件。

5）运行查询

由于本例未指定"查询去向"，查询结果直接显示在浏览窗口中，如图 5-18 所示。

5.1.2 利用查询向导创建查询

查询向导是一种简单、方便的查询设计工具。设计者只要按照向导提示的步骤，就可以轻松地创建用户所需的大部分查询。

图 5-18 例 5.2 运行结果

【例 5.3】 使用"教学"数据库中的"学生"、"选课"和"课程"三个数据库表，通过查询向导设计一个名为"大学计算机基础学生成绩"的查询文件。要求查询结果包含学号、姓名、课程名和成绩字段，课程名选择"大学计算机基础"，按成绩降序排序。假设已打开"教学"数据库。

使用"查询向导"设计查询的步骤如下。

1）启动查询向导

选择"文件"→"新建"命令，打开"新建"对话框，选择"查询"单选按钮，单击"向导"按钮，启动查询向导，进入"向导选取"对话框，如图 5-19 所示。

在"向导选取"对话框中，提供了三种类型的向导供用户选择。其中，"查询向导"是常规向导，"交叉表向导"是以电子表格的形式显示查询数据，"图形向导"是在 Microsoft Graph 里创建 Visual FoxPro 数据表的图形。

本例选择"查询向导"。

2）字段选取

选择要使用的向导后，单击"确定"按钮，将进入查询向导"步骤 1-字段选取"对话框，如图 5-20 所示。

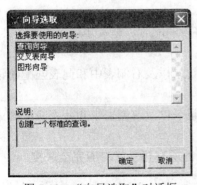

图 5-19 "向导选取"对话框

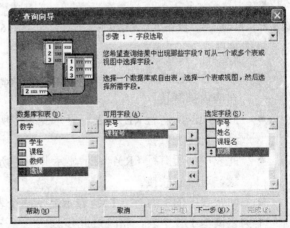

图 5-20 查询向导"步骤 1-字段选取"对话框

"数据库和表"列表框用来选定作为查询对象的数据库或自由表。在"可用字段"列表框中，可将需要的字段添加到"选定字段"列表框中。在"选定字段"列表框中，可以重新调整字段的排列次序。

本例选择"学生.学号"、"学生.姓名"、"课程.课程名"、"选课.成绩"等字段，如图 5-20 所示。

3）为表建立关系

表或视图的有关字段确定后，单击"下一步"按钮，进入查询向导"步骤 2-为表建立关系"对话框，如图 5-21 所示。

如果多表间只有一个公共字段，系统会自动将其作为联接条件，如果有多个公共字段，就要选择某个公共字段作为联接条件。单击"添加"按钮，确定联接条件。

注 意

    一个表不能同时为两个父表的子表，也不能同时为两个子表的父表。

本例依次设置"学生.学号=选课.学号" 和"选课.课程号=课程.课程号"，如图 5-21 所示。

4）设定包含记录

当基于两个表进行查询时，单击"下一步"按钮会进入查询向导"步骤 2a-字段选取"对话框，如图 5-22 所示。

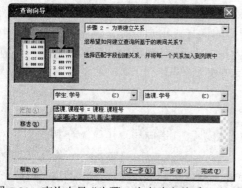 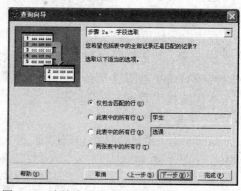

图 5-21   查询向导"步骤 2-为表建立关系"对话框   图 5-22   查询向导"步骤 2a-字段选取"对话框

"字段选取"共有四个选择，其含义如下。

- 仅包含匹配的行（O）：表示只有两个表的字段匹配时，记录才加入查询结果，对应内部联接；
- 此表中的所有行（L）：表示显示此表中所有记录以及右侧表中和此表匹配的记录，对应左联接。
- 此表中的所有行（R）：表示显示此表中所有记录以及左侧表中和此表匹配的记录，对应右联接。
- 两张表中的所有行（T）：表示显示两个表中的所有记录，对应完全联接。

本例查询基于三个表，将跳过此步骤。

5）筛选记录

单击"下一步"按钮，进入查询向导"步骤 3-筛选记录"对话框，如图 5-23 所示。

"字段"列表框用于选择筛选记录的字段名；"操作符"列表框用于选择操作符；"值"文本框用于输入字段值。如果设置多个记录筛选条件，则需要选择"与"或者"或"单选按钮确定条件间的关系。"预览"按钮用于预览查询结果。

本例设置"课程.课程名" 等于 "大学计算机基础"作为筛选条件，单击"预览"按钮查看结果，如图 5-23 所示。

6）确定排序

单击"下一步"按钮，进入查询向导"步骤 4-排序记录"对话框，如图 5-24 所示。

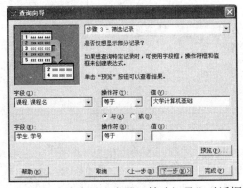
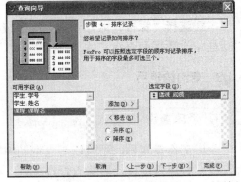

图 5-23　查询向导"步骤 3-筛选记录"对话框　　图 5-24　查询向导"步骤 4-排序记录"对话框

此步骤确定排序字段，最多可以选取三个排序字段。

本例选择"选课.成绩"并降序排序，如图 5-24 所示。

7）限制记录

单击"下一步"按钮，进入如图 5-25 所示的查询向导"步骤 4a-限制记录"对话框。利用限制记录可以使查询结果中的记录更符合用户的要求。

限制记录的设置包括两部分：部分类型和数量。

"部分类型"选项组中的"所占记录百分比"表示按照百分比选取全部记录中的一部分记录；"记录号"表示按给定的数目选取有限个记录。

"数量"选项组中的"所有记录"表示不管哪种类型都选取全部记录；"部分值"则根据不同的类型分别表示百分比或确定的记录数。

本例选择"所有记录"单选按钮。

8）保存查询文件

单击"下一步"按钮，进入如图 5-26 所示的查询向导"步骤 5-完成"对话框。

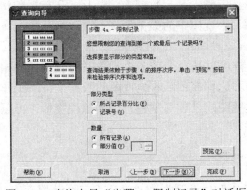

图 5-25　查询向导"步骤 4a-限制记录"对话框　　图 5-26　查询向导"步骤 5-完成"对话框

Visual FoxPro 提供了三种保存查询文件的方式。

- 保存查询：将查询结果保存为.QPR 文件，并返回到命令窗口。
- 保存并运行查询：将查询结果保存为.QPR 文件并运行该文件，并在浏览窗口中显示查询结果。
- 保存查询并在"查询设计器"修改：将查询结果保存为.QPR 文件后，利用查询设计器可继续对查询文件进行修改。

本例选择"保存并运行查询"单选按钮，单击"完成"按钮。在弹出的"另存为"对话框中设置保存查询文件。

5.1.3 查询的使用

1. 修改查询

查询文件建立后，还可以对查询的内容进行修改。

（1）利用查询设计器修改查询文件。

（2）利用各种文本编辑器打开查询文件，对 SQL 语句进行编辑修改。

2. 有关查询的常用命令

（1）新建查询：CREATE QUERY <查询文件名>。

（2）修改查询：MODIFY QUERY <查询文件名>。

（3）运行查询：DO　<查询文件名.QPR >。

注　意

运行查询，扩展名不能省略。

5.2　视　图

视图是从一个或多个数据表中导出的虚拟表，在存储介质中找不到相应的存储文件。视图不能单独存在，它存在于某一数据库且依赖于某一数据表，只有打开与视图相关的数据库才能创建和使用视图。关闭数据库后，视图中的数据消失，再次打开数据库时视图从数据源表中重新检索数据。

视图兼有查询和表的特点。视图与查询一样可以从一个或多个相关联的表中提取相关数据。根据视图的来源，视图分为本地视图和远程视图。本地视图的数据来自于工作站，远程视图的数据来自于数据服务器。创建视图的过程与创建查询的过程类似，可以使用设计器和向导来完成。

5.2.1 创建本地视图

【例 5.4】　使用"教学"数据库中的"学生"、"选课"和"课程"三个数据库表，创建"学生成绩"视图，视图中包含所有选修"大学计算机基础"课学生的学号、姓名、课程名和成绩，并按成绩降序排序。假设已打开"教学"数据库。

利用"视图设计器"可以创建本地视图。创建视图与创建查询的过程类似，在此着重讲解不同之处。

1）启动"视图设计器"，添加表

打开"教学"数据库，选择"文件"→ "新建"命令，或单击"常用"工具栏上的"新建"按钮，打开"新建"对话框，选择"视图"单选按钮，单击"新建文件"按钮，打开"视图设计器"，弹出"添加表或视图"对话框。

添加表的操作与查询设计器相同。视图的数据源可以是自由表、数据库表或其他视图。

本例依次添加"学生"表、"选课"表和"课程"表，使用默认的联接条件，如图 5-27所示。

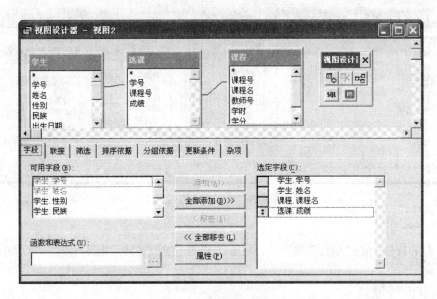

图 5-27　视图设计器

2）设计视图

视图设计器和查询设计器的界面及使用方式几乎完全一样，主要不同之处有以下几点。

（1）视图设计器的工具栏中没有"查询去向"按钮。

（2）视图设计器的"字段"选项卡中增加了"属性"按钮，用于设定视图的字段属性，其设定方法与表的字段属性设置方法相同。

（3）视图设计器增加了"更新条件"选项卡，用于设定数据更新的条件。

本例中依次设置"字段"、"联接"、"筛选"和"排序依据"选项卡，设置方法与查询设计器相同。

3）保存视图

选择"文件"→"保存"命令，在打开的"保存"对话框中输入视图的名称为"学生成绩"，如图 5-28 所示，单击"确定"按钮。

图 5-28　"保存"对话框

4）浏览视图

视图设计完成后会显示在数据库中，如图 5-29 所示。视图是一个虚拟的表，浏览视图中的记录和浏览表中记录的操作完全相同。右击"学生成绩"视图，选择"浏览"命令，结果如图 5-30 所示。

图 5-29　数据库中的视图

5）运行视图

单击工具栏上的"运行"按钮 ，显示结果为"学生成绩"视图中的内容，如图 5-30 所示。

6）SQL 语句

利用视图设计器会自动生成 SQL 语句。单击视图设计器工具栏中的 SQL 按钮，弹出自动生成的 SQL 语句窗口，如图 5-31 所示。

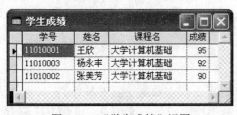

图 5-30　"学生成绩"视图

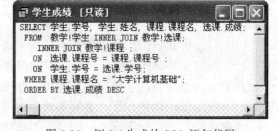

图 5-31　例 5.4 生成的 SQL 语句代码

7）查询视图

视图建立后，可以像数据库表一样使用，适用于表的命令基本适用于视图，可以利用 SELECT 语句对视图进行查询，也可以在"查询设计器"中对视图进行查询。

【例 5.5】　在"学生成绩"视图中，查询成绩>90 的学生信息，查询结果包括学号、姓名、课程名和成绩。

（1）打开"教学"数据库。

（2）新建查询，添加视图。新建查询，弹出"添加表或视图"对话框，如图 5-32 所示。在"选定"选项组下选择"视图"。将"学生成绩"视图添加到查询设计器中。

（3）定义查询。

设置"字段"选项卡和"筛选"选项卡。

（4）运行查询。

运行查询，结果如图 5-33 所示。

图 5-32　"添加表或视图"对话框

图 5-33　例 5.5 查询结果

5.2.2　视图与数据更新

视图是从一个或多个数据表中导出的虚拟表，只能存放在数据库中，而数据库中只存放视图的定义，不存放视图对应的数据，这些数据仍存放在原来的数据源表中，所以当数据源表中的数据发生变化时，重新浏览视图，视图中的数据会随之改变。

通过视图也可以更新数据源表中的数据，要实现可更新的视图，需要在视图设计器的"更新条件"选项卡中设置数据更新的条件和方法。

【例 5.6】　修改例 5.4 中的"学生成绩"视图，当改变"学生成绩"视图中的学生姓名时，可自动更新"学生"表的姓名。

1）打开"教学"数据库

打开"教学"数据库。

2）打开视图设计器

在数据库设计器中右击"学生成绩"视图，在弹出菜单中选择"修改"命令，可打开视图设计器，如图 5-34 所示。

3）设置"更新条件"

单击"更新条件"选项卡，设置数据更新的条件和方法。

（1）指定可更新的表。如果视图是基于多个表，可以选择更新"全部表"的相关字段。如果要指定只能更新某个表中的数据，可以通过"表"下拉列表选择相关表。

本例选择"全部表"。

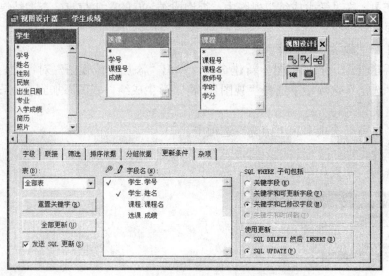

图 5-34　"更新条件"选项卡

（2）指定可更新的字段。在"字段名"列表框中，列出了与更新有关的字段。在"字段名"左侧有两个标志，"钥匙"表示关键字，"铅笔"表示更新。通过单击相应的标志可以改变相关字段的状态，默认可以更改所有的非关键字。

本例中的关键字为"学生.学号"，指定可更新的字段为"学生.姓名"。

（3）发送 SQL 更新。"发送 SQL 更新"选项用于设定是否进行数据更新。在"字段名"列表框中选择了更新字段后，此选项变为可用状态。

本例选中"发送 SQL 更新"复选框。

4）数据更新

在"学生成绩"视图的浏览窗口中，将姓名"王欣"改为"王心"，如图 5-35 所示。打开"学生"表，表中的姓名已经更新，如图 5-36 所示。

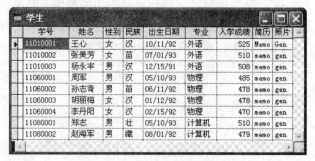

图 5-35　修改视图中的数据　　　　图 5-36　"学生"表中已更新的记录

5.2.3　使用命令定义视图

1. 创建视图

【格式】CREATE VIEW <视图名> AS <SELECT 语句>

该命令根据 SELECT 查询语句的结果,定义一个视图。视图中的字段名将和 SELECT 查询语句中指定的字段名相同。

【例 5.7】　在"教学"数据库中使用命令建立视图"cjview",视图中包含所有选修"大学计算机基础"课学生的学号、姓名、课程名和成绩,按成绩降序排序。

```
OPEN DATABASE 教学
CREATE VIEW cjview AS;
SELECT 学生.学号,姓名,课程名,成绩;
FROM 学生 JOIN 选课 JOIN 课程;
ON 选课.课程号 = 课程.课程号 ON 学生.学号 = 选课.学号;
WHERE 课程.课程名 = "大学计算机基础";
ORDER BY 选课.成绩 DESC
```

命令执行后,在"教学"数据库中增加一个"cjview"视图。

2. 删除视图

【格式】DROP VIEW <视图名>
或　　　　DELETE VIEW<视图名>

【例 5.8】　删除"教学"数据库中的视图"cjview"。

```
OPEN DATABASE 教学
DROP VIEW cjview
```

注 意

由于视图保存在数据库文件中,删除视图前要先打开数据库。

5.3　查询与视图的区别

视图与查询有许多相似之处,但又有各自特点,主要区别如下。

(1)功能不同:视图可以更新字段内容并返回数据源表,而查询结果中的字段内容不能被修改。

(2)从属不同:视图不是一个独立的文件,它从属于某一个数据库。查询是一个独立的文件,它不从属于任何数据库。

(3)访问范围不同:视图可以访问本地数据源和远程数据源,查询只能访问本地数据源。

(4)输出去向不同:视图只能通过窗口浏览和更新,而查询可以选择多种去向,如表、图表、报表、标签、窗口等形式。

(5)使用方式不同:视图只有所属的数据库被打开时才能使用,而使用查询文件时不必打开数据库。

5.4　本 章 小 结

　　本章主要介绍了 Visual FoxPro 检索和操作数据的两个重要工具：查询与视图。二者有很多相似之处：它们都是根据基本表定义的，都具有检索数据的作用，创建的过程和方法也非常相似。二者又有各自的特点：查询可以定义输出去向，生成多样化的数据资源，但不能修改数据，而利用视图可以更新数据。

5.5　习　　题

一、选择题

　　1．关于查询的叙述正确的是_____。
　　　　A．查询必须是基于多个表，这些表可以是数据库表和自由表
　　　　B．查询必须是基于单个表，而且是数据库表
　　　　C．查询若基于多个表，这些表之间必须是有联系的
　　　　D．查询若基于单个表，这个表必须是自由表
　　2．查询设计器和视图设计器的不同主要表现在_____。
　　　　A．查询设计器有"更新条件"选项卡，没有"查询去向"选项
　　　　B．查询设计器没有"更新条件"选项卡，有"查询去向"选项
　　　　C．视图设计器没有"更新条件"选项卡，有"查询去向"选项
　　　　D．视图设计器有"更新条件"选项卡，也有"查询去向"选项
　　3．以下关于视图的描述，正确的是_____。
　　　　A．可以根据自由表建立视图
　　　　B．可以根据视图建立视图
　　　　C．可以根据数据库表建立视图
　　　　D．以上说法都正确
　　4．使用视图之前，首先应该_____。
　　　　A．新建一个数据库　　　　　B．新建一个数据库表
　　　　C．打开相关的数据库　　　　D．打开相关的数据表
　　5．查询设计器的"联接"选项卡对应的 SQL 子句是_____。
　　　　A．ORDER BY　　　　　　　B．JOIN…ON…
　　　　C．WHERE　　　　　　　　D．GROUP BY

二、填空题

　　1．查询设计器中的_____选项卡对应 SQL 的 WHERE 子句。
　　2．在 Visual FoxPro 中，视图可分为本地视图和_____。
　　3．通过 Visual FoxPro 中的视图，不仅可以查询数据库表，还可以_____数据库。
　　4．默认的查询输出方式是_____。

5．在查询设计器中，_____选项卡可以设置去掉查询结果中的重复记录。

三、思考题

1．什么是视图？视图有何特点？
2．查询设计器与视图设计器有何异同？
3．为什么说视图是个虚表？
4．在"查询去向"对话框中，提供了哪些输出格式？

第6章 表单设计与应用

学习目标

- 了解面向对象程序设计的基本概念。
- 熟练掌握表单的设计过程。
- 熟练掌握对象的属性设置及方法的使用。
- 熟练掌握如何为对象编写事件代码。
- 掌握自定义类的创建过程和使用方法。

表单是 Visual FoxPro 提供的一个功能强大、操作方便的界面设计工具。利用表单设计器可以方便、快捷地设计出美观、友好的界面。表单是 Visual FoxPro 中最常见的数据显示及编辑界面。

本章首先介绍面向对象程序设计的基本概念，然后介绍表单的创建和使用。

6.1 面向对象程序设计的概念

面向对象的程序设计方法是一种全新的设计和构造软件的思维方法，它将对象作为程序的基本单元，将程序和数据封装在其中，以提高软件的重用性、灵活性和扩展性，是目前程序设计的主流方法。

6.1.1 对象与类

在面向对象程序设计方法中有两个最基本概念：对象和类。

1. 对象

现实世界中的任何实体都可以认为是对象。对象可以是具体的实物，也可以是某些抽象的概念。例如，一支笔、一名学生、一个表单等都可以作为一个对象。对象是对客观事物属性及行为特征的描述。

在程序设计中，对象的三个基本要素是属性、事件和方法。

1）属性

属性用来描述对象的状态，是对象的静态特征。它规定了对象的大小、颜色、位置等。例如，一支笔颜色是"黑色"的，一名学生的身高是"175cm"。

2）事件

事件是一种预先定义好的能被对象识别和响应的动作。每一个对象都有与其相关联的事件，事件可以由系统引发或由用户激活。例如，单击某个命令按钮，将触发该按钮的单击（Click）事件。事件的发生也具有一定的顺序。例如，运行表单时，首先触发表单的装载（Load）事件，然后再触发表单的初始化（Init）事件。

在程序设计时，对象的事件对应的是对象的过程。如果需要由对象的事件引发系统执行某些命令和程序，那么就要在对象所对应的事件过程中编写代码。当系统运行时，如果对象的某个事件被触发了，那么该对象所对应的事件过程就要被执行。相反地，如果对象的事件过程中没有代码，那么系统就不做任何的响应。

一般地，事件的触发是具有独立性的，也就是说，每个对象识别和响应属于自己的事件。例如，当用户单击表单上的某个命令按钮时，触发的是命令按钮的 Click 事件，而不会触发表单的 Click 事件。

3）方法

方法用来描述对象的行为过程。例如，学生具有写字的能力。每个对象都有自己的方法集。例如，在表单对象中，调用 Show 方法可以显示表单，调用 Hide 方法可以隐藏表单。方法和属性都可以无限制地扩展，用户可以自己定义方法和属性，在程序中可以调用该方法和属性。

"方法"与"事件"有相似之处，都是为了完成某个任务。但同一个事件可以完成不同的任务，取决于编写的代码；而方法则是固定的，任何时候调用都是完成同一个任务。方法的代码是本来就有的，而事件的代码需要用户自己编写。

2. 类

类是具有相同或相似性质的对象的抽象，也就是说，类是具有相同属性、共同方法的对象的集合。因此，对象的抽象是类，类的具体化就是对象，也可以说类的实例是对象。所有的属性、事件和方法都是由类定义的。例如，教师可以定义成一个类。在"教师"类的定义中，属性可能包含"教师号"、"姓名"、"性别"、"职称"等，基于"教师"类，可以生成任何一个教师对象。生成的每一个教师对象，都具有具体的属性值。

6.1.2 对象及其对象的访问和调用

1. 容器与控件对象

在 Visual FoxPro 中的类有两种类型：容器类和控件类。

由容器类和控件类可分别生成容器对象和控件对象，简称容器和控件。

容器可以包含其他的容器和控件，并允许访问它所包含的对象。例如，表单自身是一个容器，在它里面可以添加文本框、命令按钮等控件。

控件不能包含其他对象，只能被包含在容器中。

2. 对象的引用

通过对象的两种类型，可以知道对象之间具有包含和被包含关系，即对象的层次。所以，当需要引用某个对象时，就必须指明对象所在的层次。表 6-1 列出了 Visual FoxPro 中常用的对象引用的关键字。

表 6-1　常用的对象引用关键字

引用关键字	引用意义
ThisForm	当前对象所在表单
Parent	当前对象的直接容器对象
This	当前对象

例如，表单上包含一个命令按钮（名称 Command1），如果当前事件的对象是命令按钮，那么引用命令按钮的形式是"ThisForm.Command1"，引用表单的形式是"ThisForm"或者"This.Parent"。

3. 对象的访问和调用

在程序设计时，经常要访问对象的属性和调用对象的方法。

1）访问对象属性的格式

访问对象属性的格式：

<对象引用>.<对象属性>

对象属性是描述对象特征的，所以通常要被赋予具体的值。例如，将表单中命令按钮（名称为 Command1）的标题（Caption 属性）设置为"确定"，可以通过如下命令完成：

```
Thisform.Command1.Caption="确定"
```

2）调用对象方法的格式

调用对象方法的格式：

<对象引用>.<对象方法>

对象方法是对象具有的行为过程，所以调用对象方法就是执行对象的行为过程。例如，将表单中列表框（名称为 List1）中的所有列表项清除（Clear 方法），则可以通过如下的命令完成：

```
ThisForm.List1.Clear
```

6.2　表单设计器

本节将详细介绍通过表单设计器为表单添加各种控件、设置表单控件布局以及设置表单数据环境的方法。

6.2.1　表单设计器环境

表单设计器启动后，"表单设计器"窗口、"表单设计器"工具栏、"属性"窗口、"表单控件"工具栏都将在 Visual FoxPro 主窗口中出现，如图 6-1 所示。

1. "表单设计器"窗口

"表单设计器"是用户进行表单设计的主窗口，用户可以在该窗口上添加和修改控件。

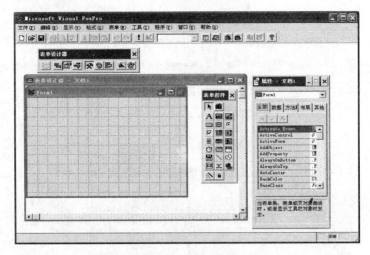

图 6-1　表单设计器

2．"表单设计器"工具栏

"表单设计器"工具栏提供了打开和设置表单的环境和工具，如图 6-2 所示。工具栏上有九个工具按钮，其功能说明见表 6-2。

图 6-2　"表单设计器"工具栏

表 6-2　表单设计器工具栏各个工具按钮功能表

工具按钮	说　　明
设置 Tab 键次序	显示或隐藏表单对象设置的 Tab 顺序
数据环境	显示或隐藏"数据环境设计器"
属性窗口	显示或隐藏当前对象的"属性"窗口
代码窗口	显示或隐藏当前对象的"代码"窗口
表单控件工具	显示或隐藏"表单控件"工具栏
调色板工具	显示或隐藏"调色板"工具栏
布局工具	显示或隐藏"布局"工具栏
表单生成器	启动"表单生成器"对话框，将字段作为控件添加到表单上，并可以定义表单的样式
自动格式	启动"自动格式生成器"对话框，为所选表单提供显示风格

3．"属性"窗口

"属性"窗口包括对象框、属性设置框、属性、事件、方法列表框等，如图 6-3 所示。

对象框显示当前选定的对象的名称。单击对象框右侧的 ▾ 按钮，用户可以在打开的下拉列表项中选择需要编辑修改的对象控件或表单。

有些属性值系统已经提供，此时只要单击属性设置框右侧的 ▾ 按钮打开下拉列表框，选择需要的属性值，或在属性列表框中双击属性，即可在各个属性值间切换。

要将属性设置成系统默认值，在属性列表框中右键单击该属性值，在弹出的快捷菜单中选择"重置为默认值"，如图 6-4 所示。

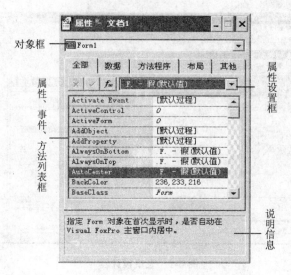

图 6-3　"属性"窗口

4. 表单控件工具栏

"表单控件"工具栏中常用控件的应用方式将在 6.5 节详细介绍。本节将介绍除了控件按钮外的其他四个辅助按钮:"选定对象"按钮、"按钮锁定"按钮、"查看类"按钮和"生成器锁定"按钮,如图 6-5 所示。

图 6-4　重置为默认值

图 6-5　"表单控件"工具栏

(1)"选定对象"按钮：当该按钮处于按下状态时,不能创建对象,但可以对已经创建的对象进行选取和编辑,如更改颜色、大小、位置等。

(2)"查看类"按钮：在表单设计时,除了可以使用 Visual FoxPro 提供的一些基类外,用户也可以自定义类,其方法将在 6.7 节详细介绍。单击此按钮可以添加自定义类。

(3)"按钮锁定"按钮：此按钮主要功能是可以连续添加多个相同的控件,将该按钮按下,然后单击"表单控件"工具栏上的某个控件按钮,在表单窗口中连续单击鼠标,就可以添加多个相同的控件。

(4)"生成器锁定"按钮：该按钮按下时,每次向表单窗体添加新的控件,都会自动打开相应控件的生成器对话框,以便用户对该控件常用属性进行设置。

6.2.2　控件的操作与布局

在表单设计器环境下，可以对表单添加、移动、复制控件，设置控件的 Tab 键次序、布局等操作。

1. 控件的基本操作

1）添加控件

单击"表单控件"工具栏中相应的控件按钮，在表单窗口中任意位置单击鼠标或拖动鼠标，则将选中的控件添加到表单中。

2）选择控件

要想对控件进行操作，首先要选择控件。选中的控件四周出现八个控制点。选择控件有以下三种情况。

（1）选择单个控件：直接单击鼠标。

（2）选择多个连续的控件：在按下"选定对象"按钮 ▶ 的状态下，拖动鼠标围住要选的控件，释放鼠标即可。

（3）选择不连续的多个控件：选择第一个控件，然后按住<Shift>键同时，用鼠标依次单击其余控件。

3）删除控件

从表单中删除控件可以使用键盘和菜单两种方法，即先选定要删除的控件，然后按<Delete>键，或者使用工具栏或菜单中的"剪切"命令。

2. 设置 Tab 键次序

表单运行时，用户可以按<Tab>键，选择表单中的控件，使焦点在控件间依次移动。控件的 Tab 键次序决定了选择控件的次序，常用的设置方法如下：

方法一：通过"属性"窗口的 TabIndex 属性设置控件的 Tab 键次序。

方法二：单击"表单设计器"工具栏上的"设置 Tab 键次序"按钮 ▤，进入设置<Tab>键次序设置状态，如图 6-6 所示。此时，控件左上角出现的深色小方块称为<Tab>键次序盒，中间显示的数字是控件的<Tab>键次序号。

（1）双击该控件的<Tab>键次序盒，该控件成为<Tab>键次序中的第一个控件。

（2）按照希望的次序依次单击其他控件的<Tab>键次序盒。

（3）所有控件 Tab 键次序设置完成后，单击空白处完成并退出设置状态；按<Esc>键，取消刚才设置并退出。

3. 控件布局

单击"表单工具栏"上的 ▤ 按钮，打开如图 6-7 所示的"布局"工具栏。使用"布局"工具栏可以在表单上对齐和调整控件的位置。各个按钮及其功能说明见表 6-3。

图 6-6　设置 Tab 键次序

表 6-3　"布局"工具栏中工具按钮功能说明表

工具按钮	说　明
左边对齐	将选定的多个控件按左边界对齐
右边对齐	将选定的多个控件按右边界对齐
顶边对齐	将选定的多个控件按顶边界对齐
底边对齐	将选定的多个控件按底边界对齐
垂直居中对齐	将选定的多个控件按一垂直轴线对齐控件中心
水平居中对齐	将选定的多个控件按一水平轴线对齐控件中心
相同宽度	将选定的多个控件的宽度按最宽的控件宽度调整
相同高度	将选定的多个控件的高度按最高的控件高度调整
相同大小	将选定的多个控件的大小按最大控件大小调整
水平居中	将选定的多个或单个控件按照通过表单中心的垂直轴线对齐控件
垂直居中	将选定的多个或单个控件按照通过表单中心的水平轴线对齐控件
置前	在所有控件前面放置选定控件
置后	在所有控件后面放置选定控件

4. 设置控件颜色

用户可以为表单或表单中的控件设置颜色，包括前景色和背景色，使表单或控件更加美观，设置步骤如下。

（1）单击"表单设计器"工具栏中的◎按钮，弹出如图 6-8 所示"调色板"工具栏。

（2）选择要设置颜色的表单或控件。

（3）单击"调色板"工具栏中的◥按钮设置对象前景色，单击◥按钮设置对象背景色。

（4）单击"调色板"工具栏中所需要的颜色。

图 6-7　"布局"工具栏

图 6-8　"调色板"工具栏

6.2.3　数据环境

每个表单都包含一个数据环境，它可以方便用户对数据进行显示和控制操作，表单的数据环境中包括相关表和视图，以及表与表之间的关系。数据环境中的表或视图会随着表单的打开或运行而打开，并随着表单的关闭或释放而关闭。

1. 打开数据环境设计器

方法一：在表单设计器中单击鼠标右键，在弹出快捷菜单中选择"数据环境"命令。

方法二：在菜单中选择"显示"→"数据环境"命令。

2. 向数据环境中添加表或视图

向数据环境中添加表或视图操作步骤如下：

（1）选择"数据环境"→"添加"命令，或在"数据环境设计器"窗口中右击，在弹出的快捷菜单中选择"添加"命令，打开如图 6-9 所示的"添加表或视图"对话框。

（2）选择要添加的表或视图，单击"添加"按钮。

3. 从数据环境中删除表或视图

在"数据环境设计器"窗口中，鼠标右击要删除的表或视图，选择"移去"命令，如图 6-10 所示，所选中的表或视图从"数据环境"中消失，同时所有与此表文件相关的关系都将被删除。也可以在选中表文件后，按<Delete>键删除。

图 6-9　"添加表或视图"对话框

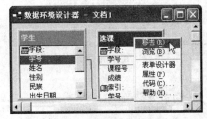

图 6-10　从数据环境中删除表

4. 在数据环境中设置表之间的关联

如果添加到数据环境中的两个表是数据库中的表，并且表之间设置了永久联系，那么数据环境中的这两个表会自动产生相应的临时关联；如果表之间没有永久联系，则可以在数据环境中设置两表之间的临时关联。

在数据环境中设置两表之间临时关联的方法如下。

（1）判断哪个表是主表，哪个表是子表。一般地，主动移动指针的表是主表，被动移动指针的表是子表。

（2）将主表的关联字段拖动到子表的相应字段上。如果子表中已建立了该字段的索引，则关联的连线将落在索引上；如果子表中没有建立该字段的索引，则系统提示创建索引，用户只需要确认即可。

【例6.1】　创建一个表单文件 myform，将"学生"表和"选课"表依次添加到 myform 表单的数据环境中，两个表对应的对象名称分别为 cursor1 和 cursor2。在数据环境中为两个表建立关联，使得当"学生"表中的记录指针移动时，"选课"表中的记录指针会自动移到学号相同的对应记录上。

操作步骤如下：

（1）选择"文件"→"新建"命令，打开"新建"对话框，选择"表单"，单击"新建文件"按钮。

（2）选择"文件"→"保存"命令或单击系统工具栏中的"保存"按钮，在弹出"另存为"对话框中选择表单保存的位置，输入表单的文件名 myform，单击"保存"按钮。

（3）在表单上右击，在弹出的快捷菜单中选择"数据环境"命令。在数据环境中依次添加"学生"表和"选课"表，如图 6-11 所示。

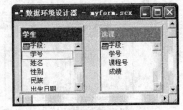

图 6-11　在表单数据环境中添加表

　　（4）拖动主表"学生"表中的"学号"字段到子表"选课"表中的"学号"。在弹出的信息框中选择"确定"按钮，建立"选课"表相应的索引，如图 6-12 所示。系统自动形成"学生"表中"学号"字段和"选课"表"学号"索引之间的连线，即建立两个表之间的关联，如图 6-13 所示。

图 6-12　建立相应的索引

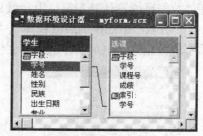

图 6-13　表单数据环境中建立两个表之间的关联

5. 向表单添加字段或表

　　在"数据环境设计器"窗口中可以将数据环境中的数据表字段拖动到表单中。通常情况下，如果拖动的是字符型、数值型或日期型字段，则系统在表单中会自动产生一个文本框；如果拖动的是逻辑型字段，则系统在表单中会自动产生一个复选框；如果拖动的是备注型字段，则系统在表单中会自动产生一个编辑框。

　　在"数据环境设计器"窗口中也可以将数据环境中的整个数据表拖动到表单中，系统将在表单中自动产生表格控件。

　　【例6.2】　将例 6.1 的图 6-13 中的两个表拖动到表单中，形成两个表格，左右布局，表格名称分别为"grd 学生"和"grd 选课"。运行表单，查看建立表之间关联后，记录指针的移动情况。

　　操作步骤如下：

　　（1）从数据环境中拖动"学生"表到表单中，调整表格的大小，位置在表单左侧。

　　（2）从数据环境中拖动"选课"表到表单中，调整表格的大小，位置在表单右侧，如图 6-14 所示。

　　（3）运行表单，移动主表"学生"表中的记录指针，子表"选课"表中记录指针自动移到相应的记录上，如图 6-15 所示。

图 6-14　将表单数据环境中的表拖动到表单中

图 6-15　主表和子表记录指针的移动

6.3 创 建 表 单

创建表单有两种方法：一是使用表单向导创建新表单；二是使用表单设计器创建新表单或修改已有的表单。表单文件的扩展名为.SCX，同时生成的表单备注文件的扩展名为.SCT。

6.3.1 使用表单向导创建表单

表单向导可以方便、快捷地创建表单。在创建表单时，用户只需逐步回答表单向导提出的问题，就会自动生成表单。Visual FoxPro 提供了两种表单向导：

（1）表单向导：适合创建基于一个数据表的表单。

（2）一对多表向导：适合创建基于具有一对多关系的两个数据表的表单。

【例 6.3】 利用表单向导为数据表"学生.dbf"创建表单，表单标题为"学生信息管理"，表单文件名为"学生管理.SCX"，按学号升序排列，其他选项默认。

操作步骤如下：

（1）新建表单向导。选择"文件"→"新建"命令，或单击"新建"按钮，系统弹出"新建"对话框，如图 6-16 所示，选择"表单"选项，然后单击"向导"按钮，弹出"向导选取"对话框，如图 6-17 所示。

（2）在"向导选取"对话框中选择"表单向导"选项，单击"确定"按钮，打开"表单向导"对话框之"步骤 1-字段选取"，如图 6-18 所示。

（3）选择与表单关联的表或表的字段。单击"数据库和表"右侧的 按钮，弹出"打开"对话框，如图 6-19 所示。选择"学生"表后，单击"确定"按钮，"学生"表的所有字段显示在"可用字段"列表框中，如图 6-20 所示。

选择所需要的字段，如果选取全部字段，单击 按钮；如果选取个别字段，单击 按钮。本例中选取"学生"表中的所有字段，如图 6-21 所示。单击"下一步"按钮，打开"表单向导"对话框之"步骤 2-选择表单样式"，如图 6-22 所示。

（4）选择要建立表单的样式和按钮类型。本例中选择"标准式"，按钮类型为"文本按钮"，单击"下一步"按钮，打开"表单向导"对话框之"步骤 3-排序次序"，如图 6-23 所示。

图 6-16 "新建"对话框

图 6-17 "向导选取"对话框

图 6-18　选取数据库或表

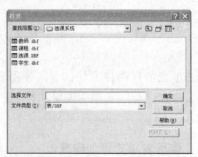

图 6-19　选择"学生"表

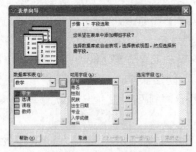

图 6-20　字段选取前

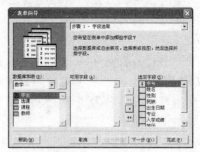

图 6-21　字段选取后

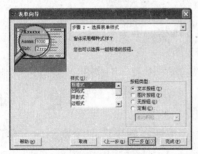

图 6-22　选择样式

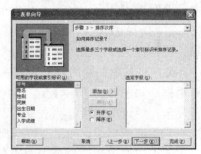

图 6-23　排序前

（5）选择排序的字段和排序的类型。本例中选择"学号"字段，单击"添加"按钮，添加到"选定字段"列表框中，选择"升序"，如图 6-24 所示。单击"下一步"，打开"表单向导"对话框之"步骤 4-完成"，如图 6-25 所示。

（6）输入表单标题"学生信息管理"，单击"预览"按钮，试运行表单，用户可以查看表单是否正确，布局是否美观等。选择生成表单的保存方式，本例中选择"保存并

图 6-24　选择学号字段排序后

图 6-25　"完成"对话框

运行"选项，单击"完成"按钮，在弹出的"另存
为"对话框中输入要保存的表单文件名"学生管
理.SCX"，运行结果如图 6-26 所示。

图 6-26　表单运行结果

6.3.2　使用表单设计器创建表单

Visual FoxPro 提供了功能强大的表单设计器，
通过使用表单设计器，用户可以设计出完全个性化
的表单。

使用表单设计器创建表单常用以下两种方法实现。

方法一：选择"文件"→"新建"命令，打开"新建"对话框，选择"表单"，单
击"新建文件"按钮。

方法二：在"命令"窗口中使用 CREATE FORM 命令。

通过以上两种方法都可以打开如图 6-1 所示的表单设计器窗口。

使用表单设计器创建简单的应用程序的一般步骤如下。

1. 创建用户界面

在表单中添加所需要的控件。

2. 设置对象的属性

下面介绍一些控件的常用属性，属性的设置方法有两种：第一种在"属性"窗口中
设置，设置方法参考 6.2.1 节；第二种在"代码"窗口中用命令语句进行赋值，其格式
参考 6.1.2 节。

1）Name 属性

Name 属性指定对象的名称，是所有对象都具有的属性。所有对象在创建时都会由
Visual FoxPro 自动提供一个默认名称，如 Form1、Text1 等，Name 属性的值将作为对象
的名称在程序中引用，如图 6-27 所示。

2）Caption 属性

Caption 属性指定控件标题显示的文本内容（字符型），默认值与控件的 Name 属性
值相同。如图 6-28 所示，在"属性"窗口中对表单的 Caption 进行设置。如图 6-29 所
示，在"代码"窗口中用命令语句进行设置。以上两种方法显示的结果如图 6-30 所示。

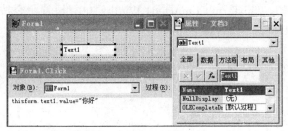

图 6-27　Name 属性引用

图 6-28　Caption 属性设置

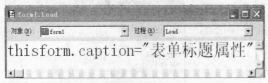

图 6-29　命令语句设置 Caption 属性　　　　图 6-30　更改后的表单标题

3）BackColor 属性

BackColor 属性指定控件的背景颜色。例如，ThisForm.BackColor=RGB(255,0,0)，设置表单的背景色为红色。

4）ForeColor 属性

ForeColor 属性指定控件的前景颜色，即字体颜色。例如，ThisForm.Text1.ForeColor= RGB(0,0, 255)，设置文本框中的字体颜色为蓝色。

5）FontName 属性

FontName 属性指定显示文本的字体名称，默认为宋体，字符型。例如，ThisForm. Text1.FontName="隶书"，设置文本框中显示文字的字体为隶书。

6）FontSize 属性

FontSize 属性指定显示文本的字体大小，默认为 9 号字，数值型。例如，ThisForm. Text1.FontSize=18，设置文本框中显示文字的字号为 18 号字。

7）FontBold 属性

FontBold 属性指定显示的文字是否为粗体，默认值为.F.。

为真（.T.）时：文字字体为粗体。

为假（.F.）时：文字字体不是粗体。

例如，ThisForm.Text1.FontBold=.T.，设置文本框中显示的文字为粗体。

8）AutoSize 属性

AutoSize 属性自动设置控件的大小，默认值是.F.。

为真（.T.）时：控件的大小随其标题尺寸的变化而改变，即与标题尺寸相同。

为假（.F.）时：控件的大小固定，不随其标题尺寸的变化而改变。

9）Enabled 属性

Enabled 属性指定控件能否响应用户引发的事件，即控件是否可用，默认为.T.。

为真（.T.）时：控件能响应用户引发的事件，即控件可用。

为假（.F.）时：控件不能响应用户引发的事件，即控件不可用。

10）Width 属性

Width 属性指定控件的宽度。例如，Thisform.Command1.Width=100，设置命令按钮的宽度为 100。

11）Height 属性

Height 属性指定控件的高度。

12）BackStyle 属性

BackStyle 属性指定标签的背景是否透明。

0：表示透明。

1：表示不透明（默认值）

13）Value 属性

Value 属性指定或返回控件的当前值。

3. 编写事件代码

鼠标右击控件，在弹出的快捷菜单中选择"代码"命令，打开"代码"窗口。在"对象"的下拉列表中选取要设置事件代码的对象名称，在"过程"的下拉列表中选取事件，在窗口中输入事件代码。如图 6-31 所示，对命令按钮 Command1 的 Click 事件编写代码。有关对象属性和方法的引用格式，可参考 6.1.2 节。

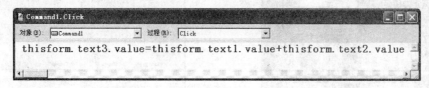

图 6-31　为 Command1 的 Click 事件编写代码

4. 表单的修改、保存和运行

1）修改表单

选择"文件"→"打开"命令，在"打开"对话框中选择要修改的表单文件；也可以在命令窗口输入下面的命令修改表单：

```
Modify Form <表单文件名>
```

2）表单的保存和运行

（1）保存表单：选择"文件"→ "保存"命令或单击系统工具栏中的"保存"按钮，在弹出的"另存为"对话框中选择表单保存的位置，输入表单的文件名，单击"保存"按钮。

（2）运行表单：运行表单就是根据表单文件及表单备注文件的内容产生表单对象。表单保存后，可以使用以下几种方法运行表单。

方法一：在表单设计器环境下，单击系统工具栏上的　按钮或选择"表单"→"执行表单"命令。

方法二：右击表单设计器窗口，在快捷菜单中选择"执行表单"命令。

方法三：在命令窗口执行命令：

```
DO FORM <表单文件名>
```

表单运行后，单击"常用"工具栏上的修改表单按钮或表单标题栏上的按钮关闭表单，切换到表单设计器环境。

【例 6.4】　制作一个简单的计算器。要求计算器有加、减、乘、除、清除和退出功能。制作完成后的计算器如图 6-32 所示。

1）创建用户界面

在表单设计器中添加三个标签控件A、三个文本框控件▦和六个命令按钮控件▭，如图 6-33 所示。

标签控件（Label）用于显示文本信息，文本框控件（Text）用于显示和编辑文本，命令按钮控件（CommandButton）用于实现人机交互功能。有关三个控件的详细介绍参照 6.5 节内容。

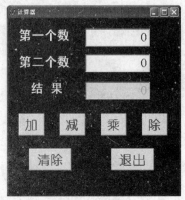

图 6-32　计算器

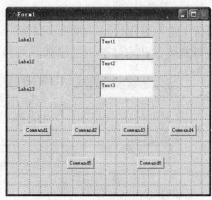

图 6-33　创建用户界面

2）设置对象的属性

如果把多个控件设置为同一属性值，可以同时选中多个控件（按 Shift 键），再统一进行设置。

（1）表单的属性设置见表 6-4。

表 6-4　表单的属性设置

控件名称	Caption	BackColor	Height	Width
Form1	计算器	0,0,255	400	400

（2）标签的属性设置见表 6-5。

表 6-5　标签的属性设置

控件名称	Caption	FontName	FontSize	FontBold	ForeColor	BackStyle	AutoSize
Label1	第一个数	黑体	22	.T.	255,255,255	0	.T.
Label2	第二个数	黑体	22	.T.	255,255,255	0	.T.
Label3	结果	黑体	22	.T.	255,255,255	0	.T.

（3）文本框的属性设置见表 6-6。

表 6-6　文本框的属性设置

控件名称	Value	FontSize	Height	Width	Enabled
Text1	0	22	40	150	
Text 2	0	22	40	150	
Text 3	0	22	40	150	.F.

（4）命令按钮的属性设置见表6-7。

表 6-7　命令按钮的属性设置

控件名称	Caption	FontName	FontSize	FontBold	ForeColor	AutoSize
Command1	加	幼圆	22	.T.	255,0,0	.T.
Command2	减	幼圆	22	.T.	255,0,0	.T.
Command3	乘	幼圆	22	.T.	255,0,0	.T.
Command4	除	幼圆	22	.T.	255,0,0	.T.
Command5	清除	幼圆	22	.T.	255,0,0	.T.
Command6	退出	幼圆	22	.T.	255,0,0	.T.

3）编写事件代码

"加"按钮的 Click 事件代码：

```
Thisform.Text3.Value=Thisform.Text1.Value+Thisform.Text2.Value
```

"减"按钮的 Click 事件代码：

```
Thisform.Text3.Value=Thisform.Text1.Value-Thisform.Text2.Value
```

"乘"按钮的 Click 事件代码：

```
Thisform.Text3.Value=Thisform.Text1.Value*Thisform.Text2.Value
```

"除"按钮的 Click 事件代码：

```
Thisform.Text3.Value=Thisform.Text1.Value/Thisform.Text2.Value
```

"清除"按钮的 Click 事件代码：

```
Thisform.Text1.Value=""
Thisform.Text2.Value=""
Thisform.Text3.Value=""
```

"退出"按钮的 Click 事件代码：

```
Thisform.Release
```

4）表单的修改、保存和运行

（1）调整布局：同时选中多个控件，打开"布局"工具栏或使用"格式"菜单，调整控件的布局。

（2）保存表单：选择"文件"→"保存"命令，在弹出的"另存为"对话框中选择表单保存的位置，输入表单的文件名"计算器.scx"，单击"保存"按钮。

（3）运行表单：单击系统工具栏上的 ! 按钮或选择"表单"→"执行表单"命令。

6.4　表单的属性、事件和方法

6.4.1　表单属性

表单的属性规定了表单的行为和外观，表单和其他控件的一些常用属性已在 6.3.2

节中介绍过，下面介绍一些表单特有的属性。

1．AutoCenter 属性

该属性决定表单显示在窗口中的位置。默认值为.F.。

为真（.T.）时：表单在主窗口的中间出现。

为假（.F.）时：表单显示的位置与设计时的位置相同。

2．BorderStyle 属性

该属性指定表单边框样式。

0：无边框。

1：单线边框。

2：固定对话框。

3：可调边框（默认值）。

3．Closable 属性

该属性决定是否可用表单标题栏上的关闭按钮关闭表单。默认值为.T.。

为真（.T.）时：标题栏中的关闭按钮有效，可以使用该按钮关闭表单。

为假（.F.）时：标题栏中的关闭按钮无效，不能使用该按钮关闭表单，如图 6-34 所示。此时要关闭表单，可选择"文件"→ "关闭"命令。

图 6-34　关闭按钮无效

4．MaxButton 属性

该属性决定表单的最大化按钮是否有效。默认值为.T.。

为真（.T.）时：标题栏最大化按钮有效，可以将表单最大化或将最大化后的表单还原到原来大小。

为假（.F.）时：标题栏最大化按钮无效，不可以进行最大化操作。

5．MinButton 属性

该属性决定表单的最小化按钮是否有效，默认值为.T.。

为真（.T.）时：标题栏最小化按钮有效，可将表单最小化，并以图标方式显示在任务栏处。

为假（.F.）时：标题栏最小化按钮无效，不能将表单最小化。

6．Movable 属性

该属性指定表单运行时，用户是否能够移动表单，默认值为.T.。

为真（.T.）时：用户能移动表单。

为假（.F.）时：用户不能移动表单。

7．Scrollbars 属性

该属性用于指定表单中滚动条的类型。

0：没有滚动条（默认值）。

1：有水平滚动条。

2：有垂直滚动条。

3：既有水平滚动条，也有垂直滚动条。

8．WindowState 属性

该属性设置表单运行时的状态。

0：普通窗口，表单在运行时大小与在表单设计器中大小相同（默认值）。

1：最小化，表单在运行时以小标题框显示。

2：最大化，表单在运行时占用整个窗口。

9．WindowType 属性

该属性设置表单的模式状态。

0：非模式表单，在应用程序中，在关闭运行的非模式表单之前，可以访问程序中的其他界面元素。（默认值）

1：模式表单，在应用程序中，在关闭运行的模式表单之前，不能访问程序中的其他界面元素。

10．ShowWindow 属性

指定一个表单或工具栏是否是顶层表单或是子表单。设计时可用，运行时只读。

0：在屏幕中（默认值）。

1：在顶层表单中。

2：作为顶层表单。

6.4.2　常用的事件与方法

下面介绍一些表单的事件与方法，其中有些事件和方法也适用于其他控件。

1．表单和控件常用的事件

1）运行时事件

（1）Load 事件：在表单对象建立之前触发。即运行表单时，先引发表单的 Load 事件，然后再触发表单的 Init 事件。

（2）Init 事件：创建对象时触发该事件。在表单对象的 Init 事件触发之前，将先触发它所包含的控件对象的 Init 事件，所以在表单对象的 Init 事件代码中能够访问它所包含的所有控件对象。

（3）Active 事件：当一个表单变成活动窗口时触发该事件。

2）关闭时事件

（1）Destroy 事件：当释放一个对象时触发该事件。表单对象的 Destroy 事件在控件 Destroy 事件触发之前触发，因此能够在表单对象的 Destroy 事件代码中访问它所包含的所有控件对象。

（2）Unload 事件：释放表单时触发该事件。它是释放表单对象时最后一个触发的事件。如关闭一个包含标签控件的表单时，先触发表单的 Destroy 事件，然后触发标签的 Destroy 事件，最后触发表单的 Unload 事件。

【例 6.5】　新建一个空白表单，设置表单的 Load、Init、Destroy 和 Unload 事件代码，并观察表单运行后的结果。

操作步骤如下：

（1）新建表单。

（2）打开代码编辑窗口，分别选择"过程"框中的 Load、Init、Destroy 和 Unload，并在编辑区输入相应的代码。

Form1 的 Load 事件代码：

```
Wait '引发表单的 Load 事件！' Window
```

Form1 的 Init 事件代码：

```
Wait '引发表单的 Init 事件！' Window
```

Form1 的 Destroy 事件代码：

```
Wait '引发表单的 Destroy 事件！' Window
```

Form1 的 Unload 事件代码：

```
Wait '引发表单的 Unload 事件！' Window
```

（3）保存并运行表单。

【说明】运行表单后，首先显示提示信息"引发表单的 Load 事件！"，按任意键，接着显示提示信息"引发表单的 Init 事件！"，再次按任意键，在 Visual FoxPro 主窗口中显示表单。

当单击关闭按钮，释放表单时，首先显示提示信息"引发表单的 Destroy 事件！"，按任意键显示提示信息"引发表单的 Unload 事件！"，再次按任意键，关闭表单。

3）交互时事件

（1）Click 事件：单击对象时触发该事件。

（2）DblClick 事件：双击对象时触发该事件。

（3）RightClick 事件：右击对象时触发该事件。

（4）GotFocus 事件：当表单通过用户操作或以代码方式得到焦点时触发该事件。

（5）InteractiveChange 事件：当改变一个控件的值时触发该事件。用户可以通过鼠标或键盘交互改变控件的值。

【例 6.6】　新建一个表单文件，表单中包含一个标签（Label1）和两个文本框（Text1

和 Text2），界面设置如图 6-35 所示。当在表单上单击鼠标左键时，标签上显示"您单击了左键！"；当在表单上单击鼠标右键时，标签上显示"您单击了右键！"；当 Text2 获得焦点时，标签上显示"我在第二个文本框中！"；当在 Text1 中输入文字时，标签上显示所输入的文字。运行结果如图 6-36 所示。

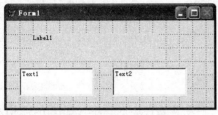

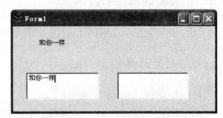

图 6-35　创建用户界面　　　　　　　　　图 6-36　例 6.6 运行结果

操作步骤如下：

（1）新建表单。添加一个标签和两个文本框。

（2）编写事件代码。

Form1 的 Click 事件代码：

```
Thisform.Label1.Caption="您单击了左键！"
```

Form1 的 RightClick 事件代码：

```
Thisform.Label1.Caption="您单击了右键！"
```

Text2 的 GotFocus 事件代码：

```
Thisform.Label1.Caption="我在第二个文本框中！"
```

Text1 的 InteractiveChange 事件代码：

```
Thisform.Label1.Caption=Thisform.Text1.Value
```

（3）保存并运行表单。

2. 表单和控件常用的方法

1）Show 方法

显示表单，并指定该表单是模式表单还是非模式表单。该方法将表单的 Visible 属性值设为.T.，同时使表单成为活动对象。

2）Hide 方法

隐藏表单，并设置表单的 Visible 属性值为.F.。

3）Release 方法

从内存中释放表单。例如，表单中有一个命令按钮，当单击该命令按钮时关闭并释放表单，就可以在该命令按钮的 Click 事件代码中设置：ThisForm.Release。

4）Refresh 方法

重新绘制表单或控件，并刷新表单中的数据值。当表单被刷新时，表单中的所有控件也都被刷新，当页框被刷新时，只有活动页被刷新。

5）SetFocus 方法

使控件获得焦点，从而成为活动对象。当该控件的 Visible 属性值或 Enabled 属性值为.F.时，将不能获得焦点。

6.4.3　创建新的属性和方法

用户可以根据实际情况创建新的表单属性和方法。

1．创建新属性

创建表单新属性的步骤如下：

（1）选择"表单"→"新建属性"命令，打开"新建属性"对话框，如图 6-37 所示。

（2）在"名称"文本框中输入新建属性的名称，新建的属性会在"属性"窗口的列表框中显示。

（3）在"说明"文本框中输入新建属性的说明信息。这些信息会显示在"属性"窗口的底部。

用户若想删除添加的新属性，选择"表单"→"编辑属性/方法程序"命令，在打开的对话框中选择不需要的属性，单击"移去"按钮。

2．创建新方法

用户向表单添加新的方法，操作步骤如下：

（1）选择"表单"→"新建方法程序"命令，打开"新建方法程序"对话框，如图 6-38 所示。

图 6-37　"新建属性"对话框

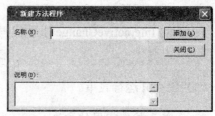

图 6-38　"新建方法程序"对话框

（2）在"名称"文本框中输入方法名称。单击"添加"按钮，新建的方法会在"属性"窗口的列表框中显示出来，用户可以双击新方法，打开代码编辑窗口，输入或修改方法的代码。

（3）在"说明"文本框中输入新建方法的说明信息。这些信息会显示在"属性"窗口底部。

若想删除新添加的方法，其操作同删除新属性相同。

【例 6.7】　新建一个表单文件 new.scx，表单中有一个标签（Label1）和一个命令按钮（Command1），为该表单创建一个名为 new 的新方法，方法代码如下：

```
Thisform.Label1.Caption ="我是新方法，欢迎使用！"
```

单击命令按钮，调用表单的 new 方法。

操作步骤如下：

（1）新建表单。

（2）新建方法。

① 选择"表单"→"新建方法程序"命令，显示"新建方法程序"对话框。

② 在"名称"文本框中输入"new"，如图 6-39 所示。单击"添加"按钮，将该方法添加到"属性"窗口中，如图 6-40 所示。单击"关闭"按钮，关闭"新建方法程序"对话框。

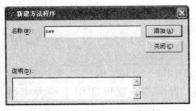

图 6-39　新建 new 方法

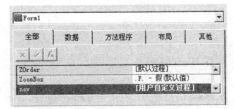

图 6-40　添加新方法

③ 在表单"属性"窗口中，找到用户自定义过程"new"并双击打开代码编辑窗口，输入"Thisform.Label1.Caption ="我是新方法，欢迎使用！""，如图6-41所示。

图 6-41　添加新方法代码

④ 关闭代码编辑窗口。

（3）调用新方法。

在 Command1 的 Click 事件中编写代码：Thisform.new。

（4）关闭所有的代码编辑窗口，保存表单并运行。

6.5　基本型控件

控件是表单的主要组成部分，是构成用户界面的基本元素。控件分为基本型控件和容器型控件，基本型控件不能包含其他控件，如标签、文本框等；容器型控件可以包含其他控件，如命令按钮组等。本节主要介绍各种基本型控件。

6.5.1　标签控件

标签控件（Label）用于显示文本信息，标签不能获得焦点，但可以将焦点传递给<Tab>键次序中紧跟标签的下一个控件。标签的主要属性如下：

1．Caption 属性

设置标签控件标题所显示的文本信息。标题文本显示在屏幕上以帮助用户识别对象，最多可容纳 256 个字符。该属性只能是字符型的数据，用户直接输入值即可，不用加上定界符，否则系统会将定界符也作为字符串的一部分。

2. Alignment 属性

设定控件中的文本显示的对齐方式，如图 6-42 所示。该属性还适用于文本框、复选框等控件。

> 0-左对齐（默认值）
> 1-右对齐
> 2-中央对齐

3. Left 属性

设定控件距所在容器的左边距距离，如图 6-43 所示，该属性适用于绝大多数控件。

4. Top 属性

设定控件距所在容器的顶边距距离，如图 6-43 所示，该属性适用于绝大多数控件。

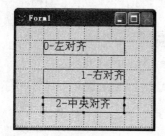

图 6-42　标签的 Alignment 属性

图 6-43　标签的 Left 和 Top 属性

5. Visible 属性

指定控件可见还是隐藏，默认值是.T.。该属性适用于绝大多数控件。

为真（.T.）时：运行后对象可见。

为假（.F.）时：运行后对象不可见。

【例 6.8】　表单中添加一个标签（Label1），标签上显示"不要单击我！"，当单击标签后，该标签隐藏，当单击表单后，标签重新显示。运行界面如图 6-44 所示。

操作步骤如下：

（1）新建表单，添加一个标签控件。

（2）属性设置，控件的属性设置见表 6-8。

表 6-8　属性设置

控件名称	Caption	FontName	FontSize	Alignment	AutoSize	Left	Top
Label1	不要单击我！	黑体	18	2	.T.	70	50

（3）编写代码。

Label1 的 Click 事件代码：

```
Thisform.Label1.Visible=.F.
```

Form1 的 Click 事件代码：

```
Thisform.Label1.Visible=.T.
```

（4）保存并运行表单。

6.5.2　命令按钮控件

命令按钮控件（CommandButton）是实现人机交互功能的主要工具，常用于启动或终止一个操作，如打开、确认、取消等。命令按钮常用属性如下：

1．Caption 属性

Caption 属性指定对象的标题文本内容。Visual FoxPro 允许设置访问键，当按下"访问键"（或"Alt+访问键"或"Shift+访问键"）时，访问控件，如图 6-45 所示。设置访问键方法是在该字母前插入前导符"\<"，在属性设置框中输入"退出(\<E)"或使用命令：

```
ThisForm.Command1.Caption="退出(\<E)"
```

图 6-44　例 6.8 运行界面

图 6-45　访问键设置

2．Default 属性

Default 属性指定按下＜Enter＞键时，哪个命令按钮响应。当某个命令按钮 Default 属性值为.T.时，称为"确认"按钮。在一个表单中，只能有一个命令按钮的 Default 属性值为.T.，当另一个命令按钮 Default 属性设置为.T.时，先前 Default 设置为.T.的属性值自动转换为.F.。该属性主要适用于命令按钮，默认值为.F.。

3．Cancel 属性

Cancel 属性指定按下＜Esc＞键时，哪个命令按钮响应。当某个按钮 Cancel 属性值为.T.时，称为"取消"按钮。在一个表单中，只能有一个命令按钮的 Cancel 属性值为.T.，当另一个命令按钮 Cancel 属性设置为.T.时，先前 Cancel 设置为.T.的属性值自动转换为.F.。该属性主要适用于命令按钮，默认值为.F.。

命令按钮常用的事件是 Click 事件，当用户在命令按钮上单击鼠标时，触发该事件。

【例 6.9】　表单中添加一个标签和两个命令按钮，界面设置如图 6-46 所示。当单击"向左走(L)"按钮或按键盘＜L＞键时，标签文字向左移动；当单击"向右走(R)"按钮或按键盘＜R＞键或＜Esc＞键时，标签文字向右移动。运行界面如图 6-47 所示。

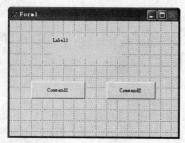
图 6-46　创建用户界面

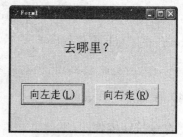
图 6-47　例 6.9 运行界面

操作步骤如下：

（1）新建表单，添加一个标签和两个命令按钮。

（2）属性设置，控件的属性设置见表 6-9。

表 6-9　属性设置

控件名称	Caption	FontSize	AutoSize	Cancel
Label1	去哪里？	22	.T.	
Command1	向左走(\<L)	18	.T.	
Command2	向右走(\<R)	18	.T.	.T.

（3）编写代码。

"向左走(L)"按钮的 Click 事件代码：

```
Thisform.Label1.Left=Thisform.Label1.Left-5
```

""向右走(R)"按钮的 Click 事件代码：

```
Thisform.Label1.Left=Thisform.Label1.Left+5
```

（4）保存并运行表单。

6.5.3　文本框控件

文本框控件（Text）用于显示文本，也用于编辑文本。用户可以在文本框中编辑任何类型的数据，包括数值型、字符型、逻辑型和日期型等。文本框主要属性如下：

1．Value 属性

Value 属性指定或返回文本框中的当前内容，默认为空串。该属性可以接收任意类型数据，若想通过表达式为属性赋值，可以在属性设置框中先输入"="，然后再输入表达式，例如"=3+5"，"=Time()"；或者单击属性设置框左侧的 *f* 按钮，直接给属性指定一个表达式，如图 6-48 所示，可将当前日期赋值给 Text1 的 Value 属性。

2．PasswordChar 属性

该属性只适用于文本框和编辑框，指定文本框控件内是显示用户输入的字符还是显示用户所设定的字符，即占位符。该属性默认值为空串，此时无占位符，文本框内显示用户输入的内容。当为该属性指定了一个字符（例如"*"）后，则文本框中不显示用户输入的内容，而显示所设定的占位符"*"。设置了占位符的文本框虽然显示为"*"，但其 Value 属性值不变。此属性常用于设置密码输入，如图 6-49 所示。

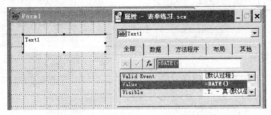

图 6-48　利用表达式为属性赋值　　　　　　图 6-49　占位符设置

3. InputMask 属性

该属性是一个字符串，指定在文本框控件中如何输入和显示数据。该属性中的字符串由一些模式符组成，这些模式符规定了相应位置上数据的输入和显示行为。各模式符功能见表 6-10。

表 6-10　模式符及其功能

模式符	功 能 说 明
X	允许输入任何字符
9	允许输入正负号和数字
#	允许输入正负号、数字和空格
$	由 SET CURRENCY 指定，在固定位置上显示当前货币符号
$$	在数值前面相邻的位置上显示当前货币符号
*	在数值前显示星号"*"
.	指定小数点位置
,	分隔小数点左边的数字串

在 InputMask 属性中也可以包含其他字符，这些字符在文本框中按原样显示出来。该属性还适用于组合框、列表框等控件。

【例 6.10】　表单中添加一个标签、一个文本框和两个命令按钮，运行界面如图 6-50 所示。文本框中只能接收数字，且最多可以输入 6 个字符，并以占位符"*"显示，单击"显示密码"按钮，文本框中显示输入的原始字符；单击"隐藏密码"按钮，文本框中显示占位符"*"，运行界面如图 6-50 所示。

图 6-50　例 6.10 运行界面

操作步骤如下：

（1）新建表单，添加一个标签、一个文本框和两个命令按钮。

（2）属性设置。各个控件的属性设置见表 6-11。

表 6-11　属性设置

控件名称	Caption	PasswordChar	InputMask
Label1	请输入 6 位登录密码：		
Text1		*	999999
Command1	隐藏密码		
Command2	显示密码		

（3）编写代码。

"隐藏密码"按钮的 Click 事件代码：

```
Thisform.Text1.PasswordChar="*"
```

"显示密码"按钮的 Click 事件代码：

```
Thisform.Text1.PasswordChar=""
```

（4）保存并运行表单。

6.5.4　编辑框控件

编辑框（Edit）用来输入和编辑字符型数据，当编辑的内容大于 255 个字符时，只能用编辑框控件进行编辑。编辑框是一个完整的字处理器，利用它能够选择、剪切、复制、粘贴文本，可以实现自动换行，并能用方向键、PageUp 键、PageDown 键以及滚动条浏览文本。

编辑框控件常用属性如下：

1. ScrollBars 属性

该属性指定编辑框是否有滚动条。当属性值为 0 时，没有滚动条；当属性值为 2（默认值）时，编辑框有垂直滚动条。

2. ReadOnly 属性

该属性指定用户能否修改编辑框中的文本内容。该属性还适用于文本框、复选框等控件。

为真（.T.）时，用户不能修改编辑框中的内容。

为假（.F.）时，用户可以修改编辑框中的内容（默认值）。

ReadOnly 属性与 Enabled 属性都具有只读特点，但设置了 ReadOnly 属性为真的控件可以获得焦点，且可以选择与复制文本；而设置了 Enabled 属性为假的控件不能获得焦点，且不可以选择与复制文本。

6.5.5　图像控件

图像（Image）控件主要用于显示图像。其主要属性是 Picture 属性，用来指定图片的文件名称及其存放位置。该属性可以直接输入图片文件的名称和地址，如图 6-51 所示；也可以双击该属性，弹出如图 6-52 所示的"打开"对话框，选择所需要的图形文件，单击"确定"按钮。

图 6-51　添加图片

图 6-52　"打开"对话框

6.5.6　复选框控件

复选框（CheckBox）用于标记逻辑真（.T.）和逻辑假（.F.）两种状态。当处于"真"状态时，复选框内显示一个对号（√）；当处于"假"状态时，复选框内为空白。

复选框的常用属性如下：

1.　Caption 属性

用来设置复选框旁边显示的文字信息，如图 6-53 所示。

2.　Value 属性

指定复选框的当前状态。该属性值有三种情况，如图 6-54 所示。

① 为 0 或.F.：默认值，表示复选框未被选定。

② 为 1 或.T.：表示复选框被选定。

③ 为 2 或.NULL.：不确定状态（只在代码中有效）。

图 6-53　复选框的标题

图 6-54　复选框的三种状态

复选框的不确定状态与不可选（Enabled 属性为.F.）状态不同。不可选状态表示用户无法选择，不确定状态只表示复选框的当前状态值不属于两个正常状态值其中之一，但用户仍然可以选择，使其变成确定状态。在表单运行时，不确定状态复选框以灰色显示，标题文字正常显示。

【例 6.11】　表单中添加一个文本框和三个复选框，界面设置如图 6-55 所示。表单运行后，文本框中显示文字"不一样的风格"，单击不同的复选框，文本框中的文字将以不同的风格显示，运行结果如图 6-56 所示。

操作步骤如下：

（1）新建表单，添加一个文本框和三个复选框。

（2）属性设置。各个控件的属性设置见表 6-12。

图 6-55　创建用户界面

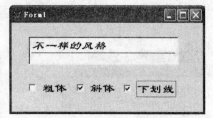

图 6-56　例 6.11 运行结果

表 6-12　属性设置

控件名称	Caption	FontName	FontSize	Value
Text1		隶书	16	不一样的风格
Check1	粗体	隶书	16	
Check2	斜体	隶书	16	
Check3	下划线	隶书	16	

（3）编写代码。

"粗体"复选框的 Click 事件代码：

```
Thisform.Text1.Fontbold=.NOT. Thisform.Text1.Fontbold
```

"斜体"复选框的 Click 事件代码：

```
Thisform.Text1.Fontitalic=.NOT.Thisform.Text1.Fontitalic
```

"下划线"复选框的 Click 事件代码：

```
Thisform.Text1.Fontunderline=.NOT. Thisform.Text1.Fontunderline
```

（4）保存并运行表单。

6.5.7　列表框控件

列表框（ListBox）控件包含一个选项列表，用户可以从列表中选择各个选项。
列表框的常用属性如下：

1. RowSourceType 属性和 RowSource 属性

RowSourceType 属性指定列表框中列表项的数据源类型，RowSource 属性指定列表
框中列表项的数据源。该属性同样适用于组合框。RowSourceType 属性的取值范围与含
义见表 6-13。

表 6-13　RowSourceType 属性的取值范围

属性值	说　明
0	无（默认值）。通过 AddItem 方法添加列表项，通过 RemoveItem 方法移去列表项
1	值。通过 RowSource 属性手工指定具体的列表项。例如，Thisform.list1.RowSource="男,女"
2	别名。将表中的字段值作为列表项的数据源

续表

属性值	说　明
3	SQL 语句。将 SQL SELECT 语句的执行结果作为列表项的数据源。例如：Thisform.list1.RowSource="SELECT * FROM 学生 INTO CURSOR temp"
4	查询（QPR）。将 .QPR 文件执行产生的结果作为列表项的数据源。例如：Thisform.list1.RowSource="myquery1.qpr"
5	数组。将数组中的内容作为列表项的数据源
6	字段。将表中的一个或几个字段作为列表项的数据源
7	文件。将某个驱动器和目录下的文件名作为列表项的数据源
8	结构。将指定表中的字段名作为列表项的数据源
9	弹出式菜单。将弹出式菜单作为列表项的数据源

2．List 属性

该属性用字符串数组 List 来存取列表框控件中的各个数据项。该属性值只能用命令语句进行赋值，在属性窗口中为灰色不可用状态。

例如，在文本框中显示如图 6-57 所示的列表框中第 4 行第 2 列的数据项"徐建军"：

```
Thisform.Text1.Value=Thisform.List1.List (4,2)
```

若将列表框中"王平"的性别设置成"男"：

```
Thisform.List1.List(1,3)="男"
```

3．ListCount 属性

该属性统计列表框中列表项的数目。该属性值只能用命令语句进行赋值，在"属性"窗口中为灰色不可用状态。统计如图 6-57 所示的列表框中列表项数目：

```
Val=Thisform.List1.ListCount
```

变量 Val 值为 8。

4．ColumnCount 属性

该属性指定列表框的列数。该属性同样适用于组合框和表格。

5．Value 属性

该属性为只读，返回列表框中选中的列表项。该属性可以是字符型，也可以是数值型。Value 属性同样适用于组合框。

6．Selected 属性

该属性指定列表框内某个列表项是否处于选定状态。该属性是逻辑型数组，设计时不可用，运行时可读写。Selected 属性同样适用于组合框。

如图 6-58 所示，在按钮的 Click 事件中编写事件代码：Thisform.List1.Selected(3)=.T.，运行表单后，单击按钮，列表框中第三个列表项被选中。

图 6-57 列表框   图 6-58 列表项的选取

7. MultiSelect 属性

该属性指定用户能否在列表框内进行多重选择，以及如何进行多重选择。该属性只适用于列表框。MultiSelect 属性设置值见表 6-14。

表 6-14 MultiSelect 属性设置值

属性值	说 明
0 或 .F.	默认值，不允许多重选择
1 或 .T.	允许多重选择，按 Ctrl 键并单击鼠标，可选择多个条目

【例 6.12】 表单中添加一个列表框、三个标签和三个文本框，界面设置如图 6-59 所示。设置列表框的相关属性，使得当单击列表框中的学号后，在文本框中显示该学生的相关信息，运行结果如图 6-60 所示。

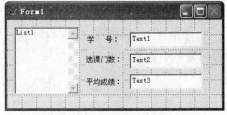

图 6-59 创建用户界面   图 6-60 例 6.12 运行结果

操作步骤如下：

（1）新建表单，添加一个列表框、三个标签和三个文本框。

（2）属性设置。各个控件的属性设置见表 6-15。

表 6-15 属性设置

控件名称	Caption	RowSource	RowSourceType
List1		select distinct 学号 from 选课 into cursor abc	3-SQL 语句
Label1	学号：		
Label2	选课门数：		
Label3	平均成绩：		

（3）编写代码。

"列表框"的 Click 事件代码：

```
Thisform.Text1.Value=Thisform.List1.Value
```

```
Select Count(*) From 选课 Where 学号=Thisform.List1.Value Into Array A
Thisform.Text2.Value=A
Select Avg(成绩) From 选课 Where 学号=Thisform.List1.Value Into Array B
Thisform.Text3.Value=B
```

（4）保存并运行表单。

6.5.8 组合框控件

组合框（ComboBox）控件结合了列表框和文本框控件的特点。组合框也是用于提供一组条目供用户选择。本书 6.5.7 节介绍的关于列表框的大部分属性也适用于组合框，并且具有相似的意义和用法。组合框与列表框的不同之处有以下几个方面。

（1）组合框中通常有一个条目是可见的，用户单击组合框右侧的下拉箭头可以打开条目列表，从中选择所需要的条目，相比列表框要节省显示的空间。

（2）列表框中的 MultiSelect 属性不适用于组合框，即组合框不具备多重选择的功能。

（3）组合框有两种形式：下拉组合框和下拉列表框。

决定组合框样式的属性是 Style，通过设置 Style 属性的值可以选择所需要的形式。Style 属性设置见表 6-16。

表 6-16　Style 属性设置

属性值	说　　明
0	下拉组合框。用户既可以从列表中选择内容，也可以在编辑区输入内容
2	下拉列表框。用户只能从列表中选择内容

【例 6.13】　表单中添加一个组合框（Combo1）和两个命令按钮，界面设置如图 6-61 所示。组合框设置为下拉列表框，使其显示的条目为"外语"、"物理"和"计算机"，如图 6-62 所示。单击"统计"按钮，将"学生"表中所有专业与组合框中指定内容相同的学生信息全部显示出来，单击"退出"按钮关闭并释放表单。

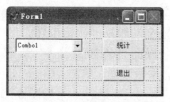

图 6-61　创建用户界面

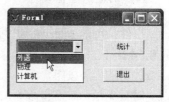

图 6-62　运行界面

操作步骤如下：

（1）新建表单，添加一个组合框和两个命令按钮。

（2）属性设置。各个控件的属性设置见表 6-17。

表 6-17　属性设置

控件名称	Caption	RowSourceType	RowSource	Style
Combo1		1-值	外语,物理,计算机	2-下拉列表框
Command1	统计			
Command2	退出			

（3）编写代码。

"统计"按钮的 Click 事件代码：

```
SELECT * FROM 学生 WHERE 专业=ThisForm.Combo1.Value
```

"退出"按钮的 Click 事件代码：

```
ThisForm. Release
```

（4）保存并运行表单，表单运行结果如图 6-63 所示。

学号	姓名	性别	民族	出生日期	专业	入学成绩	简历	照片
11010001	王欣	女	汉	10/11/92	外语	525	Memo	Gen
11010002	张美芳	女	苗	07/01/93	外语	510	memo	gen
11010003	杨永丰	男	汉	12/15/91	外语	508	memo	gen

图 6-63　例 6.13 运行结果

6.5.9　计时器控件

计时器（Timer）控件可以每隔一定的时间间隔自动触发一次 Timer 事件，计时器运行时不可见，也不能改变大小。

1. 计时器控件的常用属性

1）Interval 属性

该属性指定调用计时器 Timer 事件的时间间隔，以毫秒为单位。

2）Enabled 属性

该属性指定计时器控件能否响应 Timer 事件。当该属性值为.F.时，计时器不响应 Timer 事件。

2. 计时器控件的常用事件

Timer 事件：每隔 Interval 属性所设置的时间间隔自动触发一次该事件。

【例 6.14】　设计一个显示系统时间的表单，界面设置如图 6-64 所示。单击（Command1）"显示"按钮，标签（Label1）显示当前系统时间，单击（Command2）"停止"按钮，时钟无效。标签和命令按钮控件要求黑体 20 号字。运行结果如图 6-65 所示。

图 6-64　创建用户界面

图 6-65　例 6.14 运行结果

操作步骤如下：

（1）新建表单。添加一个标签、两个命令按钮和一个计时器控件。

（2）属性设置。各个控件的属性设置见表 6-18。

表 6-18　属性设置

控件名称	Caption	FontSize	FontName	Interval	Enabled
Label1		20	黑体		
Command1	显示	20	黑体		
Command2	停止	20	黑体		
Timer1				1000	.F.

（3）编写代码。

"显示"按钮的 Click 事件代码：

```
Thisform.Timer1.Enabled=.T.
```

"停止"按钮的 Click 事件代码：

```
Thisform.Timer1.Enabled=.F.
```

计时器控件 Timer 事件代码：

```
Thisform.Label1.Caption=Time()
```

（4）保存并运行表单。

6.5.10　微调控件

微调（Spinner）控件用来控制数值型数据的使用范围，并接受给定范围内的数值输入、数据调整和选择。用户可以通过键盘输入或者单击上下微调按钮调节数值，如图 6-66 所示。

图 6-66　数值微调

微调控件的常用属性如下：

1. Increment 属性

该属性指定在单击微调控件向上或向下箭头键时增加或减少的值。默认值为 1。

2. SpinnerHighValue 属性和 SpinnerLowValue 属性

该属性设定在使用上下按钮微调时的最高和最低限制值。

3. Value 属性

该属性设定或返回微调控件的当前值。

【例 6.15】　表单中添加三个标签、三个微调控件、一个文本框和一个命令按钮，界面设置如图 6-67 所示。更改红色、绿色、蓝色微调控件的数值后，单击"确定"按钮，文本框根据设置的三原色值显示相应的背景颜色。运行结果如图 6-68 所示。微调控件中最多允许输入 3 位数字，且取值范围为 0～255。

操作步骤如下：

（1）新建表单，添加三个标签、三个微调按钮、一个文本框和一个命令按钮。

（2）属性设置。各个控件的属性设置见表 6-19。

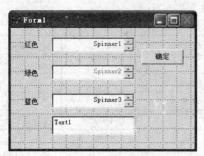

图 6-67　创建用户界面　　　　　　　图 6-68　例 6.15 运行结果

表 6-19　属性设置

控件名称	Caption	控件名称	SpinnerHighValue	SpinnerLowValue	InputMask	ForeColor
Label1	红色	Spinner1	255	0	999	255,0,0
Label2	绿色	Spinner2	255	0	999	0,255,0
Label3	蓝色	Spinner3	255	0	999	0,0,255
Command1	确定					

（3）编写代码。

"确定"按钮的 Click 事件代码：

```
Thisform.Text1.BackColor= ;
RGB(ThisForm.Spinner1.Value,ThisfFrm.Spinner2.Value,ThisForm.Spi
nner3.Value)
```

（4）保存并运行表单。

6.6　容器型控件

本节主要介绍容器型控件，包括命令组、选项组、表格和页框等。

容器型控件简称容器。在容器中可以添加其他控件，容器与其中所包含的控件一般都有自己的属性、事件和方法。选择容器中的控件有如下两种方法。

方法一：在"属性"窗口的对象下拉列表框中选择容器中的某个控件名称。

方法二：鼠标右击容器，在弹出的快捷菜单中选择"编辑"命令，然后通过鼠标单击选择容器中的某个控件。

6.6.1　命令组控件

命令组（CommandGroup）是包含一组命令按钮的容器控件。用户可以操作单个按钮，也可以操作一组按钮。

1. 命令组的常用属性

1）ButtonCount 属性

该属性用来指定命令按钮组中命令按钮的个数（默认值是 2）。

2）Value 属性

该属性指定控件的当前状态。该属性类型可以是数值型也可以是字符型。如果是数值 n，表示命令组中第 n 个命令按钮被选中；如果是字符串"C"，表示命令组中 Caption 属性值为"C"的命令按钮被选中。默认为数值型。

2. 命令组常用属性的设置方法

命令组的主要属性可通过命令组生成器设定。鼠标右击命令组控件，在弹出的快捷菜单中选择"生成器…"命令，打开如图 6-69 所示对话框。在"命令组生成器"对话框中包含"按钮"选项卡和"布局"选项卡。用户可以在"按钮"选项卡中设定按钮个数、按钮标题以及给按钮添加图形；在"布局"选项卡内可以设定按钮布局（水平、垂直）、按钮间隔（以象素为单位）和边框样式（单线、无边框）。

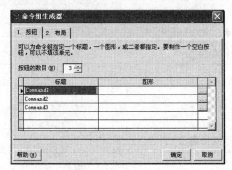

图 6-69　"命令组生成器"对话框

3. 命令组的事件

若命令组中某个命令按钮有自己独立的 Click 事件，当单击该按钮时，将执行为其单独设置的代码，而不执行命令组中的 Click 事件代码。

若命令组编写了 Click 事件代码，而组中的某个按钮没有设置事件代码，那么当这个按钮的 Click 事件引发时，将执行命令组的 Click 事件代码。

【例 6.16】表单中添加三个标签、两个文本框和一个命令组。文本框不可用，命令组包含三个按钮，且水平排列，间距为 30 象素，单线边框，界面设置如图 6-70 所示。当单击任何一个按钮时，将在文本框中显示该专业的最高入学成绩和最低入学成绩。运行界面如图 6-71 所示。

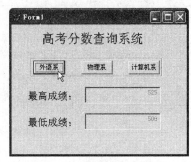

图 6-70　创建用户界面　　　　　　　　图 6-71　例 6.16 运行界面

操作步骤如下：

（1）新建表单，添加三个标签、两个文本框和一个命令组。

（2）属性设置。

① 打开"命令组生成器"，设定按钮个数、标题、布局、间距和边框样式，如图 6-72 所示。

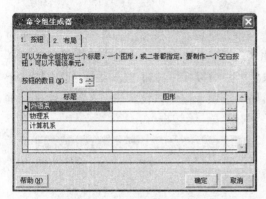 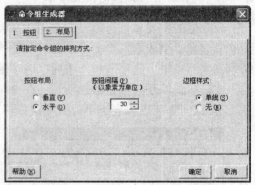

图 6-72　"命令组生成器"设置

② 其他控件的属性设置见表 6-20。

表 6-20　属性设置

控件名称	Caption	AutoSize	FontSize	Enabled
Label1	高考分数查询系统	.T.	18	
Label2	最高成绩：	.T.	14	
Label3	最低成绩：	.T.	14	
Text1				.T.
Text2				.T.

（3）编写代码。打开代码窗口后，在"对象"下拉列表中选择"Command1"对象，在"过程"下拉列表中选择"Click"事件。

"Command1"按钮的 Click 事件代码：

```
Select Max(入学成绩), Min(入学成绩) From 学生 Where 专业="外语" Into Array A
Thisform.Text1.Value=A(1)
Thisform.Text2.Value=A(2)
```

"Command2"按钮的 Click 事件代码：

```
Select Max(入学成绩), Min(入学成绩) From 学生 Where 专业="物理" Into Array A
Thisform.Text1.Value=A(1)
Thisform.Text2.Value=A(2)
```

"Command3"按钮的 Click 事件代码：

```
Select Max(入学成绩), Min(入学成绩) From 学生 Where 专业="计算机" Into Array A
Thisform.Text1.Value=A(1)
Thisform.Text2.Value=A(2)
```

（4）保存并运行表单。

6.6.2 选项组控件

选项组（OptionGroup）控件又称为选项控件，是包含一组选项按钮的一种容器，用户只能从一组按钮中选择一个按钮。当用户选择了一个按钮后，该按钮处于选中状态，选项按钮中显示一个圆点，其他按钮变为未选中状态。

1. ButtonCount 属性

该属性指定选项组中选项按钮的个数，默认值是 2。

2. Value 属性

该属性可以是字符型的，也可以是数值型，用于初始化或返回选项组中被选中的按钮。

Value 属性的返回值类型取决于其初始值。

如果 Value 的初始值是数值型数据，则 Value 的返回值为一个数 n，即表示选项组中第 n 个选项钮被选中。例如，选项组中第 2 个选项钮被选中，则 Value 的返回值为 2。

如果 Value 的初始值为字符型数据，则 Value 的返回值为一个字符串，字符串的内容为选中按钮的标题。例如，选项组中标题为"男"的选项钮被选中，则 Value 的返回值为"男"。

选项组的主要属性可通过选项组生成器设定。设置方法与命令组成生成器的设置方法相同，可参考 6.6.1 节内容。

【**例 6.17**】 设计一个"选课查询"表单，表单中添加一个标签、一个文本框、一个选项组和两个命令按钮，界面设置如图 6-73 所示。运行表单时，在文本框中输入要查询的内容，然后单击选项组中相对应的选项按钮，则弹出相应的查询结果；单击"清除"按钮或按＜Esc＞键，清除文本框内容和选项组选项；单击"关闭"按钮或按＜Enter＞键，关闭并释放表单。运行结果如图 6-74 所示。

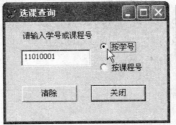

图 6-73　创建用户界面　　　　　　图 6-74　例 6.17 运行结果

操作步骤如下：

（1）新建表单，添加一个标签、一个文本框、一个选项组和两个命令按钮。

（2）属性设置。

① 打开"选项组生成器"，设定按钮个数、标题、布局、间距和边框样式，如图 6-75 所示。

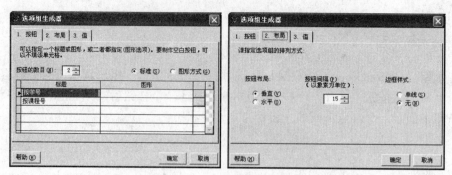

图 6-75　选项组生成器设置

② 其他控件的属性设置见表 6-21。

表 6-21　属性设置

控件名称	Caption	Height	Width	Cancel	Default
Form1	选课查询	150	250		
Label1	请输入学号或课程号				
Command1	清除			.T.	
Command2	关闭				.T.

（3）编写代码。打开代码窗口后，在"对象"下拉列表中选择"Option1"对象，在"过程"下拉列表中选择"Click"事件。

"Option1"按钮的 Click 事件代码：

```
Select * From 选课 Where 学号=Alltrim(Thisform.Text1.Value)
```

"Option2"按钮的 Click 事件代码：

```
Select * From 选课 Where 课程号=Alltrim(Thisform.Text1.Value)
```

"清除"按钮的 Click 事件代码：

```
Thisform.Text1.Value=""
Thisform.Optiongroup1.Option1.Value=0
Thisform.Optiongroup1.Option2.Value=0
```

"关闭"按钮的 Click 事件代码：

```
ThisForm.Release
```

（4）保存并运行表单。

6.6.3　表格控件

表格（Grid）控件是 Visual FoxPro 中非常常用、也非常重要的控件之一。表格是一个可与数据绑定的容器控件，能够以表格的形式（多行多列）显示数据。

每一个表格都是由若干列对象组成，这些列除了包含标头和控件外，每一列都拥有自己的属性、事件和方法。

1. 表格常用属性

1）RecordSourceType 属性和 RecordSource 属性

用户为整个表格设置数据源可通过 RecordSourceType 属性和 RecordSource 属性来指定。RecordSourceType 属性为记录源类型，RecordSource 属性为记录源。RecordSourceType 属性的取值范围及含义见表 6-22。

表 6-22　RecordSourceType 属性的取值范围及含义

属性值	说　明
0	表。数据来源于由 RecordSource 属性指定的表，该表能自动打开
1	别名（默认值）。数据来源于已打开的表，由 RecordSource 属性指定该表的别名
2	提示。运行时，由用户根据提示选择表格数据源
3	查询（.QPR）。数据源来源于查询，由 RecordSource 属性指定一个查询文件（.QPR 文件）
4	SQL 语句。数据来源于 SQL 语句，由 RecordSource 属性指定一条 SQL 语句

2）ColumnCount 属性

该属性指定表格列对象的数目。该属性默认值为-1，此时表格将创建足够多的列来显示数据源中的所有字段。

2. 表格基本操作

当表格的 ColumnCount 属性指定为一个正值的列数时，就可以对表格中各个对象进行设置。

1）调整表格的行高和列宽

当表格的 ColumnCount 属性指定为一个正值的列数时，鼠标右击表格，在弹出的快捷菜单中选择"编辑"命令或在"属性"窗口的对象框中选择表格的某一列，可以切换到表格的编辑状态，如图 6-76 所示。

在表格的编辑状态下，把鼠标指针放在两行或两列之间，当鼠标指针变成 ╪ 形状或 ╫ 形状时，拖动鼠标即可调整行高或列宽。

2）修改列标题

在表格的编辑状态下，单击列标头 Header1 即可选中此列标头，或在"属性"窗口的对象框中选择某一列标头 Header1，如图 6-76 所示。选中列标头后，设置其 Caption 属性即可。

3）使用表格生成器设计表格

表格生成器能交互式地快速创建所需要的表格、设置表格的相关属性。鼠标右击表格控件，在弹出的快捷菜单中选择"生成器"命令，如图 6-77 所示。

表格生成器包含"表格项"、"样式"、"布局"和"关系"四个选项卡。

（1）"表格项"选项卡：指明表格中所需字段。

（2）"样式"选项卡：设置表格显示的样式。

（3）"布局"选项卡：指明各列标题和控件类型，调整列宽。

（4）"关系"选项卡：创建一个一对多表单，指明父表中的关键字段和子表中的相关索引。

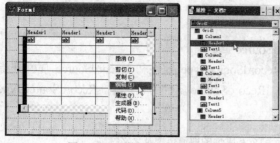

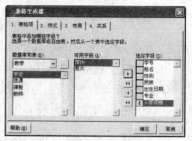

图 6-76　切换到表格编辑状态　　　　图 6-77　"表格生成器"对话框

用户在对话框中设置有关选项参数，单击"确定"按钮关闭对话框，系统根据指定的选项参数自动设置表格的属性。

【例 6.18】　修改例 6.17 的"选课查询"表单，表单中再添加一个表格，界面设置如图 6-78 所示。运行表单时，在文本框中输入要查询的内容，然后单击选项组中相对应的选项按钮，则查询结果显示在表格中。单击"清除"按钮或按＜Esc＞键，清除文本框、表格内容和选项组选项；单击"关闭"按钮或按＜Enter＞键，关闭并释放表单。运行结果如图 6-79 所示。

操作步骤如下：

（1）打开例 6.17 中的表单，添加一个表格控件。

（2）属性设置。将表格的 RecordSourceType 属性值为"4-SQL 说明"。

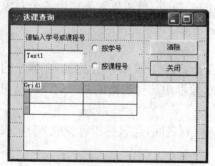

图 6-78　创建用户界面　　　　　图 6-79　例 6.18 运行结果

（3）编写代码。打开代码窗口后，在"对象"下拉列表中选择"Option1"对象，在"过程"下拉列表中选择"Click"事件。

"Option1"按钮的 Click 事件代码：

```
Thisform.Grid1.Recordsource="Select * From 选课 Where 学号=;
Alltrim(Thisform.Text1.Value) Into Cursor Temp"
```

"Option2"按钮的 Click 事件代码：

```
Thisform.Grid1.Recordsource=" Select * From 选课 Where 课程号=;
Alltrim(Thisform.Text1.Value) Into Cursor Temp"
```

"清除"按钮的 Click 事件代码：

```
Thisform.Text1.Value=""
```

```
Thisform.Optiongroup1.Option1.Value=0
Thisform.Optiongroup1.Option2.Value=0
Thisform.Grid1.Recordsource=""
```

"关闭"按钮的 Click 事件代码：

```
ThisForm.Release
```

（4）保存并运行表单。

6.6.4　页框控件

页框（PageFrame）控件是包含页面的容器对象。页面也是容器，可以包含其他控件。页框定义了页面的总体特征，如大小、位置、边框类型以及活动页面等。一个页框可以包含两个以上的页面，而页面又可以包含多个对象。利用页框、页面和控件可以扩展表单的区域，方便分类组织对象。用户熟悉的选项卡对话框就是由页框、页面和控件构成的。

默认状态下，页框中包含两个页面，即 Page1 和 Page2，如图 6-80 所示。在页面中添加控件的方法如下。

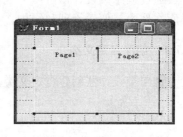

（1）右击页框，在弹出的快捷菜单中选择"编辑"命令，然后单击要添加控件的页面标签，使其成为活动页面。

（2）在"表单控件"工具栏中选择需要的控件，添加到页面中。

常用的页框属性如下。

图 6-80　页框控件

1）PageCount 属性

该属性指定页框对象所含页面个数。该属性最小值为 0，最大值为 99。

2）Pages 属性

该属性是一个数组。用来存取页框对象中各个页。该属性只在运行时可以用，仅适用于页框。

【例 6.19】　在表单中一个页框控件 Pageframe1，该页框中包含三个页面，页面的标题分别是"学生"、"选课"和"课程"，在页框控件的相应页面上依次显示"学生"表、"选课"表和"课程"表中的内容。再添加一个命令按钮"退出"，单击该按钮关闭并释放表单。运行结果如图 6-81 所示。

操作步骤如下：

（1）新建表单，添加一个页框控件和一个命令按钮，适当调整控件大小。

（2）属性设置。在表单"数据环境"中添加"学生"表、"选课"表和"课程"表。各个控件属性设置见表 6-23。

图 6-81　例 6.19 运行界面

表 6-23　属性设置

控件名称	Caption	PageCount	控件名称	Caption
Pageframe1		3	Page1	学生
Command1	退出		Page2	选课
			Page3	课程

（3）在页框的编辑状态下，在"数据环境"中，选中"学生"表按住不放，将其移动到 Page1 页面内；选中"选课"表按住不放，将其移动到"Page2"页面内；选中"课程"表按住不放，将其移动到"Page3"页面内。

（4）保存并运行表单。

6.7　自 定 义 类

本节主要介绍如何创建和使用自定义类。

通过调用类设计器可以可视化的创建一个新类，用类设计器创建、定义的类保存在类库文件中，便于管理和维护。类库以文件形式存放，其默认的扩展名是.vcx。

6.7.1　创建自定义类

调用类设计器创建自定义类，通常采用下列两种方式。

1. 操作方式

调用类设计器创建自定义类的操作步骤如下。

（1）选择"文件"→"新建"命令，打开"新建"对话框，选择"类"，单击"新建文件"按钮。

（2）打开"新建类"对话框，如图 6-82 所示。在对话框中，用户需要指明新类的名称、新类派生于哪个类（即新类的父类）以及保存新类的类库。

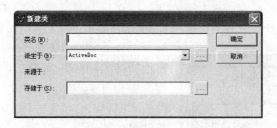

图 6-82　"新建类"对话框

一个类的父类可以是 Visual FoxPro 提供的基类，也可以是用户自定义的类。如果新类的父类是某个基类，可以直接从"派生于"下拉列表框中选择；如果新类的父类是一个用户自定义类，则单击"派生于"右侧的按钮，在"打开"对话框中选择类库，并在右侧的"类名"列表框中选择用户自定义的类，该类将作为新类的父类，如图 6-83 所示。

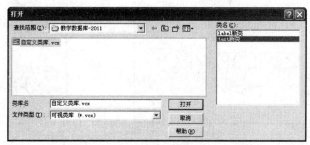

图 6-83　选取自定义类作为新类的父类

如果在"存储于"框中指定的类库原先不存在，系统将自动建立该类库；如果指定的类库已经存在，那么新建类将被添加到该类库中。

（3）单击"确定"按钮，打开"类设计器"窗口。在"类设计器"中，可以为新类设置属性、事件和方法，也可以为新类添加新的属性和方法。对新类的设置与对基类的设置方法完全相同。

（4）单击工具栏上的"保存"按钮，保存新创建的类。

2. 命令方式

使用命令方式也可以打开类设计器，命令格式如下：

```
Create Class <新类名> Of <类库名> As <父类名>
```

例如，创建一个名为 Student 的新类，保存新类的类库名称是 Mylib，新类的父类是 Person，应使用的命令如下：

```
Create Class Student Of Mylib As Person
```

【例 6.20】　扩展 Visual FoxPro 基类 Form，创建一个名为 MyForm 的自定义表单类。自定义表单类保存在名为 myclasslib 的类库中。自定义表单类 MyForm 需满足以下要求：

① 其 AutoCenter 属性的默认值为.T.。

② 其 Closable 属性的默认值为.F.。

③ 当基于该自定义表单类创建表单时，自动包含一个命令按钮。该命令按钮的标题为"关闭"，当单击该命令按钮时，将关闭其所在的表单。

操作步骤如下：

（1）选择"文件"→"新建"命令，打开"新建"对话框，选择"类"，单击"新建文件"按钮。

（2）打开"新建类"对话框，根据题目要求，设置内容如图 6-84 所示。

（3）单击"确定"按钮，打开"类设计器"窗口。对新类设置后的效果如图 6-85 所示。

① 修改新类 myform 的 AutoCenter 属性为.T.；Closable 属性为.F.。

② 在新类 myform 中添加一个命令按钮，并修改其标题为"关闭"。

③ 为"关闭"按钮的 Click 事件编写事件代码：ThisForm.Release。

（4）单击工具栏上的"保存"按钮，保存新创建的类。

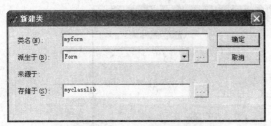

图 6-84   "新建类"对话框设置

图 6-85   新类设置后的效果

6.7.2   使用自定义类

在创建表单时，既可以使用 Visual FoxPro 提供的基类，也可以使用用户自定义类。使用自定义类的操作步骤如下。

（1）新建一个表单，在"表单控件"工具栏中单击"查看类"按钮，在弹出的菜单中选择"添加"命令，如图 6-86 所示。

（2）在"打开"对话框中选择所需的类库文件，单击"打开"按钮后，"表单控件"工具栏中将显示自定义类，如图 6-87 所示。

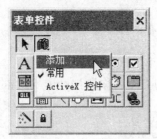

图 6-86   添加自定义类

图 6-87   显示自定义类

要想使"表单控件"工具栏重新显示 Visual FoxPro 的基类，可单击"查看类"按钮，在弹出的菜单中选择"常用"命令。

【例 6.21】   创建一个新类 mycheckbox，该类扩展 Visual FoxPro 的 CheckBox 基类，新类保存在 mylib 类库中。在新类中，将 Value 属性设置为 1。新建一个表单，在表单中添加一个基于新类 mycheckbox 的复选框，如图 6-88 所示。

操作步骤如下：

（1）选择"文件"→"新建"命令，打开"新建"对话框，选择"类"，单击"新建文件"按钮。

（2）打开"新建类"对话框，根据题目要求，设置内容如图 6-89 所示。

图 6-88   在表单中添加新类

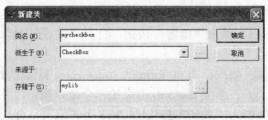

图 6-89   "新建类"对话框设置

（3）单击"确定"按钮，打开"类设计器"窗口。修改新类 mycheckbox 的 Value 属性为 1。

（4）保存新类后关闭"类设计器"窗口。

（5）新建一个表单，在"表单控件"工具栏中单击"查看类"按钮，在弹出的菜单中选择"添加"命令，在"打开"对话框中选择类库文件 mylib.vcx，如图 6-90 所示。单击"打开"按钮后，"表单控件"工具栏中将显示新类 mycheckbox，如图 6-91 所示。

（6）将新类 mycheckbox 添加到表单中，保存并运行表单。

图 6-90　选择类库

图 6-91　显示自定义类

6.8　本　章　小　结

表单是用户与 Visual FoxPro 应用程序进行数据交换的界面，表单中可以包含标签、文本框、命令按钮等各种界面元素。本章首先介绍了面向对象的一些概念，然后介绍如何利用表单向导生成表单和使用表单设计器设计和修改表单，以及表单中一些常用控件的使用，最后介绍了自定义类的创建方法和使用方法。

6.9　习　　　题

一、选择题

1. 单击表单上的"关闭"按钮将会触发表单的_____事件。

　　A. Closed　　　B. Unload　　　C. Release　　　D. Error

2. 决定微调控件最大值的属性是_____。

　　A. SpinnerHighValue　　　　　B. Value

　　C. SpinnerLowValue　　　　　 D. Interval

3. 一般情况下，运行表单时，在产生了表单对象后，将调用表单对象的_____方法显示表单。

　　A. Release　　　B. Refresh　　　C. SetFocus　　　D. Show

4. 以下属于容器类控件的是_____。

　　A. Text　　　B. Form　　　C. Label　　　D. CommandButton

二、填空题

1. 如果要改变表单的标题，需要设置表单对象的_____属性。
2. 表单文件的扩展名是_____。
3. 建立表单的命令是_____。

三、思考题

1. 什么是表单？表单有几种类型？
2. 创建表单有哪些工具，如何创建？
3. 什么是表单控件，其作用是什么？
4. 表单向导和表单设计器的区别是什么？
5. 页面控件的主要功能是什么？

第 7 章　程序设计基础

学习目标

● 了解程序的概念和作用。
● 掌握程序的三种基本结构。
● 了解多模块程序设计方法。
● 了解程序调试的过程。

在 Visual FoxPro 的命令窗口中允许执行单条命令，但是当任务较复杂时，仅凭一两条命令是无法完成的，必须通过执行一组命令来完成。程序是能够完成一定任务的命令的有序集合。本章将介绍程序文件的建立和运行，结构化程序设计的基本结构和多模块程序设计方法。

7.1　程序文件的建立和运行

Visual FoxPro 程序是为实现某一任务，将若干条命令按一定的结构组织在一起，保存在扩展名为.prg 的文件中，这种文件就称为程序文件或命令文件。当运行该文件时，系统按照一定的次序自动执行文件中的命令。

7.1.1　程序文件的建立与编辑

1. 程序文件的建立

程序文件属于文本类型文件，命令以纯文本的形式存放在程序文件中，其源程序文件扩展名为.prg，可用任何一种文本编辑软件建立和编辑程序文件。在 Visual FoxPro 中，通常使用以下两种方式建立程序文件。

1）菜单方式

（1）选择"文件"→"新建"命令，在弹出的"新建"对话框中选择"程序"单选按钮，单击"新建文件"命令按钮。

（2）在弹出的文本编辑窗口中输入程序内容，要求一行最多输入一条命令。

（3）选择"文件"→"保存"命令或按<Ctrl+W>组合键，在弹出的"另存为"对话框中指定保存文件的路径和文件名，单击"保存"按钮。

2）命令方式

【格式】MODIFY COMMAND [<文件名>]

该命令将依据<文件名>创建一个新的程序文件，并打开文本编辑窗口。若<文件名>

指定的程序存在，系统将打开该程序进行编辑。

2. 程序文件的编辑

程序文件保存完毕后，若需要重新打开，可按如下步骤进行。

（1）选择"文件"→"打开"命令。

（2）在"打开"对话框的"文件类型"列表框中选择"程序"选项。

（3）在文件列表框中选择要修改的文件，单击"确定"按钮。

（4）在打开的文本编辑窗口中对程序进行修改，修改之后选择"文件"→"保存"命令或按<Ctrl+W>组合键进行保存。若要放弃修改，选择"文件"→"还原"命令或按<Esc>键。

7.1.2　程序文件的运行

程序编写完毕后要进行调试运行，程序的运行经常使用以下方式。

1. 在编辑状态下运行

打开程序文件后，单击 Visual FoxPro 工具栏中的运行按钮 ! 。该方式较为常用。

2. 菜单方式运行

选择"程序"→"运行"命令，打开"运行"对话框，选择要运行的程序文件，单击"运行"按钮。

3. 命令方式运行

【格式】DO <文件名>

例如：

```
DO 程序1
```

或

```
DO 程序1.prg
```

Visual FoxPro 中刚创建完的程序文件，只是一个扩展名为.prg 的源程序文件。而在运行程序后，系统会自动产生与源程序同名的目标程序，其扩展名为.fxp。例如，若源程序文件为"程序1.prg"，则产生的目标程序为"程序1.fxp"。这时，也可以通过"DO 程序1.fxp"命令执行该程序。

7.1.3　程序中的注释

为了增强程序的可读性，通常需要在程序中添加注释语句。注释语句不是命令，不能执行，也不影响正常程序的功能。默认状态下，注释语句显示为绿色的文本。Visual FoxPro 中的注释语句有两种形式：

（1）以 NOTE 或*开始的注释语句。一般放在代码行的开头，称为注释行，对整个或部分程序段功能起到说明作用。

（2）以&&开始的行尾注释语句。一般放在命令行后，注释当前命令行的功能。

【例 7.1】　注释语句的使用。

```
**下面的程序用来计算圆的面积
CLEAR                      &&清屏
r=6                        &&r 为圆的半径
s=pi()*r*r                 &&计算圆的面积
?"圆的面积为：",s          &&输出圆的面积
RETURN                     &&程序结束语句
```

7.1.4　常用交互语句

1．输入交互命令

在程序运行时需要的数据，有时必须通过用户从键盘上输入才能获得，这可以利用交互语句实现，在 Visual FoxPro 中有三种不同类型的交互式输入命令。

1）ACCEPT 命令

【格式】ACCEPT [<提示信息>] TO <内存变量>

【功能】在 Visual FoxPro 屏幕上显示提示信息（字符型），并等待用户从键盘输入数据。输入数据后按<Enter>键，将输入的数据作为字符串赋给<内存变量>。

【说明】用户输入的数据将作为字符型数据赋给<内存变量>，在输入时并不需要加定界符，否则，系统会把定界符作为字符串本身的一部分。

例如，执行语句 ACCEPT "请输入学号" TO x 后，Visual FoxPro 屏幕显示效果如图 7-1 所示。如果输入 11010001，按<Enter>键，变量 x 则被赋值为 11010001 字符串，如图 7-2 所示。

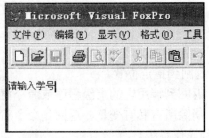

图 7-1　ACCEPT 语句执行效果

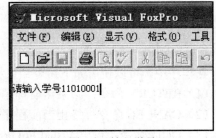

图 7-2　输入学号

2）INPUT 命令

【格式】INPUT [<提示信息>] TO <内存变量>

【功能】在 Visual FoxPro 屏幕上显示提示信息（字符型），并等待用户从键盘输入数据，输入数据后按<Enter>键，将输入的数据赋给<内存变量>。

【说明】允许输入字符型、数值型、逻辑型和日期型数据，除了数值型数据外，其他类型的数据在输入时必须加相应的定界符。

例如，当执行以下输入语句时，输入对应类型的数据如图 7-3 所示。

图 7-3　INPUT 语句执行效果

```
INPUT "请输入学号" TO x1
INPUT "请输入成绩" TO x2
INPUT "请输入是否是党员" TO x3
INPUT "请输入出生日期" TO x4
```

执行以上四条语句后，变量 x1，x2，x3 和 x4 分别存储"11010002"、92、.T.、和 {^1983-6-9}。

3）WAIT 命令

【格式】WAIT [<提示信息>][TO <内存变量>] [WINDOW][TIMEOUT <数值表达式>]

【功能】在 Visual FoxPro 屏幕上显示提示信息（字符型），等待用户按任意键或单击鼠标之后程序继续向下执行。

【说明】用户在键盘上输入的单个字符被赋值给<内存变量>。加 WINDOW 子句，可将提示信息显示在提示窗口中。TIMEOUT <数值表达式>：设置等待用户输入的时间（秒），超时后系统将自动继续执行程序。

例如：

```
WAIT "您输入的学号不存在，请重新输入" TO answer WINDOW TIMEOUT 5
```

2．结束程序交互命令

在程序中，可以使用如下命令结束程序，并返回到指定位置。

（1）RETURN 命令：结束当前程序的执行，返回到调用它的上级程序或命令窗口。

（2）CANCEL 命令：终止当前程序的执行，清除所有私有变量，返回到命令窗口。

（3）QUIT 命令：退出 Visual FoxPro，返回到操作系统。

7.2　程序的基本结构

Visual FoxPro 采用结构化程序设计思想，程序有三种基本结构：顺序结构、选择结构和循环结构。一个程序中可以多次使用上述三种结构，也可以是三种结构的相互嵌套。

7.2.1　顺序结构

顺序结构是三种控制结构中最简单的一种，在该结构中，程序按照语句编排的先后次序执行。从程序的开始到结束，每条语句必须执行一次，且只能执行一次。

写顺序结构程序时，要考虑程序中语句执行的逻辑性。分析下面两个顺序结构程序。

【例 7.2】　查找学生程序 1。

```
USE 学生
LOCATE FOR 学号= "11010001"
DISPLAY
USE
```

【例 7.3】　查找学生程序 2。

```
LOCATE FOR 学号= "11010001"
USE 学生
DISPLAY
USE
```

显然，例 7.2 程序是合理的。因为例 7.2 程序中，先执行语句"USE 学生"打开学生表，后执行条件定位语句。而例 7.3 程序在未打开表的状态下，就先执行条件定位语句，显然是错误的。

7.2.2　选择结构

在顺序结构程序中，所有语句将无条件执行。然而，有些情况下，需要根据一定条件选择某些语句执行，而不是执行所有语句，这种情况需要用选择结构来实现。选择结构也叫做分支结构，Visual FoxPro 支持的选择结构包括条件语句（IF 语句）和情况语句（DO CASE 语句）。

1. IF 选择结构

根据 IF 右侧<条件表达式>的值进行判断，然后选择不同的语句序列执行。此种结构可以分解为两种不同的类型，分别称为单分支选择结构和双分支选择结构。

1）单分支选择结构

【格式】

IF <条件表达式>

　　<语句序列>

ENDIF

【功能】

当<条件表达式>的值为真时，执行<语句序列>，然后执行 ENDIF 后的语句；当<条件表达式>的值为假时，直接执行 ENDIF 后的语句，此种结构的程序流程图如图 7-4 所示。

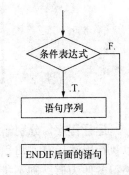

图 7-4　单分支选择结构

注 意

IF 和 ENDIF 必须成对使用，条件语句可以嵌套使用，但不能出现交叉。为了增强程序的易读性，可以按缩进格式书写。

【例 7.4】　根据条件修改变量 x 的值。

```
CLEAR
x=2
IF x>1
  x=x+1
ENDIF
IF x>3
  x=x+2
ENDIF
?x
```

在该程序中，x 初始值为 2，当遇到第一个单分支时，由于条件"x>1"为真，所以执行分支内的语句"x=x+1"，这使得 x 为 3。第一个单分支结构执行完毕后，又遇到第二个单分支结构，第二个单分支的条件"x>3"为假，所以不执行该分支内的语句"x=x+2"，而直接执行 ENDIF 后的语句"?x"，即输出结果 3。

【例 7.5】　在如图 7-5 所示的表单中，文本框 Text1 和 Text2 中分别输入矩形的高度和宽度。单击"计算"按钮，如果输入的高和宽都大于 0，则计算矩形面积，并显示在文本框 Text3 中，否则不执行任何操作。

"计算"按钮的单击（Click）事件代码如下：

```
IF Thisform.Text1.value>0 and Thisform.Text2.value>0
    Thisform.Text3.value=Thisform.Text1.value * Thisform.Text2.value
ENDIF
```

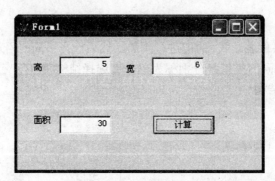

图 7-5　例 7.5 运行效果

运行程序，分别输入 5 和 6，单击"计算"按钮，因为此时 IF 右侧的条件为真，所以执行乘法运算并将积赋值给文本框 Text3。而当输入非法数据，如高为-3，宽为 6 时，使得条件为假，则不执行分支内的语句。

2）双分支选择结构

【格式】

IF <条件表达式>

　　<语句序列 1>

ELSE

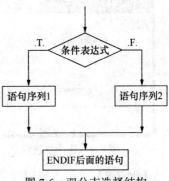

图 7-6　双分支选择结构

<语句序列 2>

ENDIF

【功能】

在单分支结构基础上增加了 ELSE 子句，当<条件表达式>的值为真时，执行<语句序列 1>，然后执行 ENDIF 后的语句；当<条件表达式>的值为假时，执行<语句序列 2>，然后执行 ENDIF 后的语句。<语句序列 1>和<语句序列 2>必须执行一个，但不能同时执行或都不执行。程序流程图如图 7-6 所示。

【例 7.6】　完善例 7.5，当输入合法的高和宽时，正常计算，而当输入非法数据时，则提示出错信息。

"计算"按钮的单击（Click）事件代码如下：

```
IF Thisform.Text1.value>0 AND Thisform. Text2.value>0
    Thisform.Text3.value=Thisform.Text1.value * Thisform.Text2.value
ELSE
    MESSAGEBOX("输入非法数据")
ENDIF
```

运行程序，如果输入的高或宽不大于零，则 IF 右侧的条件为假，这时，程序将执行第 2 个分支，即执行"MESSAGEBOX("输入非法数据")"语句来报错。

【例 7.7】　分别查询"教师"表中党员和非党员的教师信息。在如图 7-7 所示的表单中，不选中"党员否"复选框，单击"查询教师信息"按钮，则查询显示非党员的教师信息，如图 7-8 所示。在如图 7-9 所示的表单中，选中"党员否"复选框，单击"查询教师信息"按钮，则查询显示党员的教师信息，如图 7-10 所示。

"查询教师信息"按钮的 Click 事件代码如下：

```
IF Thisform.Check1.value=1      &&value 为 1 表示选中复选框
    SELECT * FROM 教师 WHERE 党员否=.T.
ELSE
    SELECT * FROM 教师 WHERE 党员否=.F.
ENDIF
```

图 7-7　不选中复选框

图 7-8　查询显示非党员教师的信息

图 7-9　选中复选框

教师号	姓名	性别	职称	党员否
230001	王平	女	讲师	T
230002	赵子华	男	副教授	T
230003	陈小丹	女	教授	T
280002	孙大山	男	副教授	T
230004	宋宇	男	助教	T

图 7-10　查询显示党员教师的信息

【例 7.8】　输入课程号，查询"课程"表中该课程的基本信息。

```
SET TALK OFF
CLEAR
USE 课程
ACCEPT "请输入课程号: " TO kch
LOCATE FOR 课程号=kch
IF .NOT. EOF()
    ?"课程号: ",课程号
    ?"课程名: ",课程名
    ?"教师号: ",教师号
    ?"学时: ",学时
    ?"学分: ",学分
ELSE
    ?"您输入的课程号不存在"
ENDIF
USE
RETURN
```

运行程序，输入课程表中的课程号，如输入课程号 001，运行结果如图 7-11 所示。如果输入一个课程表中不存在的课程号，则输出"您输入的课程号不存在"。

2. 情况语句（多分支选择结构）

IF 的双分支结构只适应两个分支的情况，如果需要处理两种以上的多种分支情况，虽然用 IF 语句的嵌套也可以实现，但语句结构复杂、层次多且容易出错。这时用情况语句实现比较简单，情况语句也称为多分支选择语句。

【格式】

DO CASE

CASE <条件 1>

　　<语句序列 1>

CASE <条件 2>

　　<语句序列 2>

　　...

```
CASE <条件 n>
    <语句序列 n>
[OTHERWISE
    <语句序列 n+1>
ENDCASE
```

【功能】依次判断<条件>的值，根据<条件>取值的真或假，执行不同的<语句序列>。如果<条件 1>的值为真，执行<语句序列 1>，然后跳到 ENDCASE 后面的语句继续执行；如果<条件 1>的值为假，则判断<条件 2>的值，如果为真，则执行<语句序列 2>，执行完后同样跳到 ENDCASE 后面的语句继续执行。如果<条件 2>的值为假，则继续判断<条件 3>，为真则执行<语句序列 3>……以此类推。即只执行条件为真的第一分支。当所有<条件>的值都为假时，如果有 OTHERWISE，则执行<语句序列 n+1>，然后跳到 ENDCASE 后面的语句继续执行；如果没有 OTHERWISE，那么所有分支都不执行，跳到 ENDCASE 后面的语句继续执行。DO CASE 和 ENDCASE 必须成对出现。情况语句的控制流程如图 7-12 所示。

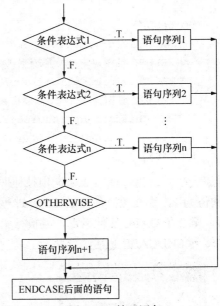

```
请输入课程号: 001

课程号:    001
课程名:    大学计算机基础
教师号:    230001
学时:      60
学分:      4
```

图 7-11　例 7.8 运行结果　　　　　　　　图 7-12　情况语句

【例 7.9】　计算下面分段函数的值（自变量 x 的值必须大于 100）。

$$f(x)=\begin{cases} 0.32x & (100 < x <= 1000) \\ 0.28x + 40 & (1000 < x <= 5000) \\ 0.24x + 240 & (5000 < x <= 10000) \\ 0.2x + 640 & (x > 10000) \end{cases}$$

```
CLEAR
INPUT "请输入自变量 x(x>100)的值: " TO x
DO CASE
```

```
    CASE x>100 .AND. x<=1000
        fx=0.32*x
    CASE x<=5000
        fx=0.28*x+40
    CASE x<=10000
        fx=0.24*x+240
    OTHERWISE
        fx=0.2*x+640
ENDCASE
?"函数值为: ",fx
RETURN
```

【例 7.10】　在如图 7-13 所示的表单中，在选项按钮组（Optiongroup1）中选择某个选项，单击"开始统计"按钮，统计查询对应的信息，即分别查询男女各自的平均、最高或最低入学成绩信息。

"开始统计"按钮的 Click 事件代码如下：

```
DO CASE
    CASE Thisform.Optiongroup1.value=1
    SELECT 性别,AVG(入学成绩) AS 平均入学成绩 FROM 学生 GROUP BY 性别
    CASE Thisform.Optiongroup1.value=2
    SELECT 性别,MAX(入学成绩) AS 最高入学成绩 FROM 学生 GROUP BY 性别
    CASE Thisform.Optiongroup1.value=3
    SELECT 性别,MIN(入学成绩) AS 最低入学成绩 FROM 学生 GROUP BY 性别
ENDCASE
```

程序运行后，当选择第 2 个选项按钮时（如图 7-13 所示），Thisform.Optiongroup1.value 的值为 2。那么执行按钮的 Click 过程时，DO CASE 中的第 1 个 CASE 右侧的条件为假，第 2 个 CASE 条件为真，故执行第 2 个分支下的语句，执行完该语句后，程序直接跳转到 ENDCASE 之后继续执行。程序运行结果如图 7-14 所示。

图 7-13　选中第 2 个选项按钮

图 7-14　运行结果

7.2.3　循环结构

在处理实际问题时，有时需要用大量语句实现某些功能，并且这些语句功能是相同或非常相近的，程序中每次使用的数据也按照一定的规律变化。对于这样的问题，可以

使用循环结构来设计程序，这将大量语句化繁为简，提高编程效率。

循环结构是指在程序中对某段代码重复执行若干次，重复执行的程序段称为循环体，循环体的执行次数由循环条件和循环类型决定。Visual FoxPro 支持的循环结构包括 DO WHILE-ENDDO、SCAN-ENDSCAN 和 FOR-ENDFOR 语句。

1. DO WHILE-ENDDO 语句

【格式】
DO WHILE <条件>
<语句序列 1>
[LOOP]
<语句序列 2>
[EXIT]
<语句序列 3>
ENDDO

【功能】先判断<条件>取值的真假，如果为真，则执行 DO WHILE 与 ENDDO 之间的语句序列（即循环体），当执行到 ENDDO 语句时返回到 DO WHILE，再次判断<条件>的值，如果为真再次执行循环体，如此循环往复，直到某一次回到 DO WHILE 时<条件>的值为假，则不再执行循环体，而直接跳到 ENDDO 后面的语句继续执行，从而结束循环语句的执行。语句执行过程如图 7-15 所示。

【说明】

（1）DO WHILE 和 ENDDO 语句必须成对出现。

（2）如果循环体内包含 LOOP 语句，则当执行到 LOOP 语句时，等价于遇到 ENDDO 语句，即结束本次循环体的执行，直接返回到 DO WHILE 处重新判断条件，依据<条件>的值决定是否再次执行循环体。

（3）如果循环体内包含 EXIT 语句，当执行到 EXIT 语句时，结束循环体的执行，直接跳到 ENDDO 后面的语句执行。

（4）LOOP 和 EXIT 通常出现在循环体内嵌套的选择语句中，根据条件的成立与否决定是否执行 LOOP 或 EXIT 语句。包含 LOOP 或 EXIT 语句的循环结构执行过程如图 7-16 所示。

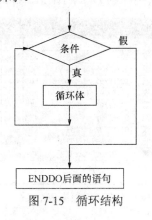

图 7-15 循环结构

图 7-16 包含 LOOP 或 EXIT 的循环

【例 7.11】　计算 1～10 的整数和。

```
s=0
i=1
DO WHILE i<=10
  s=s+i
  i=i+1
ENDDO
?s
```

程序开始之处，将变量 s 和 i 分别赋值为 0 和 1（用变量 s 保存累加和，用变量 i 表示 1～10 的某一个整数）。当第 1 次遇到 DO WHILE 时，判断条件"i<=10"为真，则开始第 1 次执行循环体（即分别执行 s=s+i 和 i=i+1），执行结果使得 s 和 i 分别变为 1 和 2，循环体执行完毕，遇到 ENDDO 语句，跳回 DO WHILE 再次判断条件"i<=10"，此刻条件还是真（因为 i 为 2），所以再次执行循环体（即第 2 次执行循环体），执行结果使得 s 和 i 分别变为 3 和 3，以此类推，直到第 10 次执行完循环体后，s 和 i 的值分别变为 55 和 11，那么返回到 DO WHILE 时，条件"i<=10"为假，所以不能再进入循环，而是直接跳到 ENDDO 的后面，继续执行语句"?s"，输出结果 55。

【例 7.12】　显示"学生"表中所有学生的姓名、性别和出生日期。

```
CLEAR
USE 学生
DO WHILE NOT EOF()
  ?姓名,性别,出生日期
  SKIP
ENDDO
USE
```

程序运行如图 7-17 所示。

程序初始时，用"USE 学生"打开"学生"表，记录指针默认指向首记录（王欣），如图 7-18 所示。遇到 DO WHILE 时，因为此时指针没有在文件尾，所以条件"NOT EOF()"为真，则第 1 次执行循环体，输出"王欣　女　10/11/92"和执行 SKIP 指针下移命令，将指针移到第 2 条记录（张美芳）。遇到 ENDDO，程序跳回到 DO WHILE，此时条件还

图 7-17　例 7.12 运行结果

学号	姓名	性别	民族	出生日期	专业	入学成	简历	照片
11010001	王欣	女	汉	10/11/92	外语	525	Memo	Gen
11010002	张美芳	女	苗	07/01/93	外语	510	memo	gen
11010003	杨永丰	男	汉	12/15/91	外语	508	memo	gen
11060001	周军	男	汉	05/10/93	物理	485	memo	gen
11060002	孙志奇	男	回	06/11/92	物理	478	memo	gen
11060003	胡丽梅	女	汉	01/12/92	物理	478	memo	gen
11060004	李丹阳	女	汉	02/15/92	物理	470	memo	gen
11080001	郑志	男	壮	05/10/93	计算机	510	memo	gen
11080002	赵海军	男	藏	08/01/92	计算机	479	memo	gen

图 7-18　"学生"数据表

是为真，所以第 2 次执行循环体，以此类推，直到执行完第 9 次循环体后，即输出"赵海军"的信息后，指针再下移（SKIP），因后面已没有记录，则指针指向文件尾。那么当返回到 DO WHILE 时，条件已经为假，因此结束循环，程序直接跳到 ENDDO 的下面继续执行。

> **注 意**
>
> 上面用到了尾标记判断函数 EOF()，当指针在文件尾时 EOF()为真，不在文件尾时为假。

【**例 7.13**】 只显示"学生"表中所有女生的姓名、性别和出生日期。

```
CLEAR
USE 学生
DO WHILE NOT EOF()
  IF 性别="女"
    ?姓名,性别,出生日期
  ENDIF
  SKIP
ENDDO
USE
```

例 7.12 中，每次执行循环体时，都无条件执行显示命令"?姓名,性别,出生日期"，即显示遇到的每一个记录。而本例题中，要求只显示女生的信息，那么显示命令"?姓名,性别,出生日期"的执行是有条件的，当遇到女生记录时才执行，不是女生记录时不执行，这可以利用单分支选择结构实现。所以，本例只需要在例 7.12 的基础上，在显示命令"?姓名,性别,出生日期"的外面增加一个单分支结构。这样处理之后，虽然程序还是循环 9 次，但是只有其中的 4 次循环（第 1、2、6、7 次）使得条件"性别="女""为真，即在这 4 次循环中，执行了显示命令。程序运行结果如图 7-19 所示。

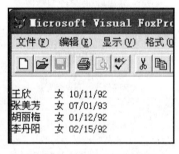

图 7-19 例 7.13 运行结果

【**例 7.14**】 修改例 7.13，使用更少的循环次数，显示"学生"表中所有女生的姓名、性别和出生日期。

```
CLEAR
USE 学生
LOCATE FOR 性别="女"        &&将指针定位到第 1 个女生记录上
DO WHILE FOUND()           &&如果找到符合条件的记录，FOUND()为真，否则为假
  ?姓名,性别,出生日期
  CONTINUE                 &&将指针定位到下一个符合条件的记录上
ENDDO
USE
```

程序运行结果如图 7-19 所示。初始时执行 "LOCATE FOR 性别="女"" 语句，使得指针指向第 1 个女生记录（王欣），当遇到 DO WHILE 时条件为真，开始第 1 次执行循环体，显示 "王欣" 的信息，执行 CONTINUE 语句，使得指针指向第 2 个女生记录（张美芳）。遇到 ENDDO，程序返回到 DO WHILE，条件依旧为真，开始第 2 次执行循环体，输出 "张美芳" 信息，执行 CONTINUE 语句，使指针指向第 3 个女生记录（胡丽梅），程序返回再处理第 4 个女生记录（李丹阳），显示完 "李丹阳" 记录后，当再次执行 CONTINUE 语句查找第 5 个女生记录时，因为找不到，所以循环条件 FOUND()为假，则循环结束。

虽然本例的功能同于例 7.13，但本例程序的循环次数更少，一共循环 4 次，而例 7.13 循环了 9 次。

> **注 意**
>
> DO WHILE 右侧的条件除了用 FOUND()外，也可以用 NOT EOF()。

【例 7.15】 遍历 "学生" 表记录，遇到汉族记录不做处理，遇到姓名为 "周军" 记录则结束循环。

```
USE 学生
DO WHILE NOT EOF()
  IF 姓名="周军"
   EXIT
  ENDIF
  IF 民族="汉"
   SKIP
   LOOP
  ENDIF
  ?姓名
  SKIP
ENDDO
USE
```

程序运行结果只显示 "张美芳"。

2. SCAN-ENDSCAN 语句

SCAN-ENDSCAN 语句专门用于循环处理表中的记录，与 DO WHILE 循环相比，SCAN 循环在遍历表中的记录方面功能更强大。

【格式】

SCAN [<范围>] [FOR <条件>]

  <语句序列 1>

  [LOOP]

  <语句序列 2>

  [EXIT]

　　　　　<语句序列 3>

　　　　　<循环体>

ENDSCAN

【功能】表记录指针在指定记录范围内，自动指向每一条记录(或符合条件的记录)，每指向一个记录时，都执行一次循环体，当遇到 ENDSCAN 时，除了程序跳回到 SCAN 外，记录指针也要自动下移到下一个记录（或符合条件的下一个记录），并进入下一次循环。如此反复，直到循环完最后一个记录后并返回到 SCAN 时，程序从 SCAN 处直接跳到 ENDSCAN 的后面继续执行，循环结束。

【说明】

（1）<范围>指定了扫描记录的范围，如 NEXT N、REST、ALL、RECORD N，默认为 ALL。

（2）FOR <条件>对记录进行筛选，即只扫描使条件为真的记录。

（3）当既有范围子句又有 FOR 条件子句时，扫描指定范围内符合条件的记录。

（4）SCAN-ENDSCAN 循环也支持 LOOP 和 EXIT 语句。但要注意，当在 SCAN-ENDSCAN 内遇到 LOOP 时，等价于遇到 ENDSCAN 语句，即程序除了从 LOOP 返回到 SCAN 外，指针也要自动下移。而遇到 EXIT 时，程序直接跳出循环，指针不自动下移，还保持在跳出之前的位置。

【例 7.16】　从第 3 条记录开始，统计"教师"表中职称为"教授"的教师人数，并显示教师的姓名、性别和职称。

```
n=0
USE 教师
GO 3
SCAN REST FOR 职称="教授"
    DISPLAY 姓名,性别,职称
    n=n+1
ENDSCAN
?"职称教授的教师有以上",ALLTRIM(STR(n)),"位"
```

运行结果如图 7-20 所示。

【例 7.17】　遍历教师记录，"教师"表如图 7-21 所示。当教师的年龄小于 40 岁时，显示其姓名，当教师年龄不小于 40 岁时，结束遍历，然后显示当前教师的姓名。程序运行结果如图 7-22 所示。

图 7-20　例 7.16 运行结果

```
USE 教师
SCAN
  IF 年龄<40
    ?姓名
    LOOP            &&返回 SCAN，且指针下移
  ELSE
    EXIT            &&跳到 ENDSCAN 之后，但指针不变
```

```
    ENDIF
    ENDSCAN
    ?姓名                    &&再次显示当前记录的姓名
    USE
```

图 7-21   "教师"数据表   
图 7-22   例 7.17 运行结果

3. FOR-ENDFOR 语句

如果事先能够确定循环体的执行次数，用 FOR-ENDFOR 循环结构比较方便。

【格式】

FOR <循环变量>=<初值> TO <终值> [STEP <步长>]

    <语句序列 1>

    [LOOP]

    <语句序列 2>

    [EXIT]

    <语句序列 3>

ENDFOR|NEXT

【功能】根据循环变量的值是否超越终值决定是否执行循环体。首先将初值赋给循环变量，然后根据步长的正负值来判断循环条件是否成立：若步长为正，当循环变量小于等于终值时执行循环体；若步长为负，当循环变量大于等于终值时执行循环体，循环体执行完毕遇到循环结束语句 ENDFOR 或 NEXT 时，则返回循环起始语句，此时需要将循环变量的值增加一个步长（无论步长值是正还是负），然后再次判断循环条件是否成立。直到循环变量大于终值（步长为正）或循环变量小于终值（步长为负）时，结束循环，直接执行 ENDFOR 或 NEXT 后面的语句。

【说明】

（1）<步长>的默认值为 1。

（2）<初值>、<终值>和<步长>都可以是数值表达式，在循环语句执行过程中，它们的值不会改变。

（3）遇到 LOOP 语句，程序跳回到 FOR，同时循环变量自动加上步长的值。遇到 EXIT 语句，程序直接跳出循环，执行 ENDFOR 后面的语句。

【例 7.18】   计算 1～100 中所有能被 3 整除的数的和。

```
    CLEAR
    s=0
```

```
FOR i=1 TO 100
    IF MOD(i,3)=0
        s=s+i
    ENDIF
ENDFOR
?s
```

累加运算是 FOR-ENDFOR 循环常见的应用之一。变量 s 用来存放累加的结果，变量 i 既参与每次的累加运算，也作为循环变量控制循环的执行次数。在每次执行循环体的过程中，都判断表达式 MOD(i,3)=0 是否成立，成立则执行累加运算，每次执行 s=s+i 时都使 s 的值增加 i。

4. 循环嵌套

顺序结构、选择结构、循环结构是结构化程序设计思想中的三种基本结构，这三种基本结构还可以相互嵌套使用，循环结构中可以嵌套选择结构，也可以嵌套循环结构。选择结构中可以嵌套选择结构和循环结构，而且可以多层嵌套。比较常见的是循环语句之间的相互嵌套，例如，两个 FOR-ENDFOR 循环语句的嵌套。

【格式】

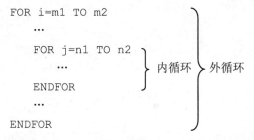

在嵌套格式中，无论何种嵌套，外循环都必须完整地包含内循环，不允许交叉。程序代码要注意缩进对齐，适当添加注释语句，否则嵌套的循环语句容易引起一些程序理解上的混乱。

> **注　意** 🔊
>
> EXIT 语句只能跳出一层循环，LOOP 语句只能结束本层循环，也就是只对它们所在的那层循环起作用。

【例 7.19】　编程求 1!+2!+ … +10!。

```
CLEAR
s=0
FOR i=1 to 10
    t=1
    FOR j=1 to i
        t=t*j          &&内层循环求 i 的阶乘
    ENDFOR
```

```
      s=s+t
  ENDFOR
  ?"1! +2! + … +10! =",s
```

内层循环的功能是求 i 的阶乘并保存在变量 t 中，语句 s=s+t 实现了将 i 的阶乘累加到 s 中。外层循环循环 10 次后（即 i 分别从 1 变化到 10），s 最终累计的值即等于 1!+2!+…+10!。

7.3　多模块程序设计

模块化程序设计思想，要求解决复杂问题时，将系统总体结构分解为分层的、多个相互独立的子模块，每个模块完成独立的功能。每个子模块可以继续向下分解为下一级子模块，上层模块可以调用下层模块，这就是自顶向下、逐步细化的模块化程序设计方法。

7.3.1　模块的定义和调用

在 Visual FoxPro 中，模块之间往往存在着调用关系，调用其他程序的模块称为主程序，被调用的模块称为子程序。模块可以是单独的程序也可以是过程，过程也是一小段程序，但过程必须先定义，然后才能作为一个模块被调用。过程定义的语法格式如下：

1．过程的定义

【格式】
PROCEDURE <过程名>
[PARAMETERS <形参表>]
　　　<命令序列>
ENDPROC|RETURN
【说明】

（1）定义过程必须以 PROCEDURE 开始，结束语句 ENDPROC 或 RETURN 可以省略。如果省略，则过程执行到文件尾，或遇到 PROCEDURE 命令时结束。

（2）<过程名>必须以字母或下划线开头，可以包含字母、数字和下划线。

（3）当定义具有参数的过程时，须在 PROCEDURE 的下面用 PARAMETERS 定义形式参数列表（形参表）。

（4）定义过程时，既可以将过程存放在调用它的主程序文件中，也可以单独建立程序文件（也称为过程文件）存放过程。本书例题中的过程均存放在主程序文件中。

2．过程的调用

过程定义后，可以利用调用语句进行调用执行，调用过程的语句有以下两种格式：
【格式 1】DO <过程名> [WITH <实参表>]
【格式 2】<过程名>([<实参表>])
【说明】

（1）当在主程序中执行调用过程的命令时，主程序在调用处暂停执行，同时转到被调用的过程中执行过程，当被调用的过程执行完毕时（如遇到 RETURN 或 ENDPROC 命令），程序返回到主程序的调用之处，并继续执行调用语句后面的命令。

（2）当被调用的过程具有形参时，调用过程时要提供实际参数（简称为实参）。对于格式 1，要在 WITH 后面提供实参。对于格式 2，要在括号内提供实参。实参可以是常量、变量，也可以是表达式，但必须有确定的值。

（3）形参与实参的数据类型必须保持一致，实参的数目不能多于形参的数目。如果实参的数目少于形参的数目，多余的形参初值为逻辑假.F.。例如，设某过程的形参分别为 x,y,z，当调用该过程只提供两个实参（如 2，3）时，那么 2 的值传给 x，3 的值传给 y，而 z 是多余的形参，其值为假。

【例 7.20】　写出下面程序的运行结果。

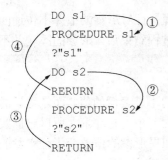

```
DO s1                  ①
PROCEDURE s1
?"s1"
DO s2
RERURN                 ②
PROCEDURE s2
?"s2"
RETURN
```

程序运行结果：

```
s1
s2
```

主程序执行语句"DO s1"调用过程 s1，程序转到过程 s1 执行，如步骤①所示。在过程 s1 中输出"s1"后，又调用过程 s2（此时过程 s1 视为过程 s2 的主程序），程序转到过程 s2 执行，如步骤②所示，在过程 s2 中输出"s2"，然后遇到 RERURN，过程 s2 执行结束，程序返回调用之处（返回到 s1 中 DO 命令的下一条语句），如步骤③所示。当返回到 s1 后，又遇到过程 s1 的结束语句 RERURN，过程 s1 结束，程序再次返回到主程序，如步骤④所示。

【例 7.21】　写出下面程序的运行结果。

```
clear
a=2
DO average1 WITH a,3,4
average1(a+10,12,23)

PROCEDURE average1
PARAMETERS x,y,z
  s=x+y+z
  ? INT(s/3)
ENDPROC
```

程序运行结果：

```
3
15
```

第一次用 DO 命令调用过程 average1 时，程序转到过程 average1 中，同时 WITH 后面的实参值要传递给对应的形参（a 传给 x，3 传给 y，4 传给 z），然后在过程 average1 的内部计算并显示平均值，当遇到 ENDPROC 时，程序返回到主程序，当遇到 "average1(a+10,12,23)" 语句，再次调用过程 average1，并将括号内的实参依次传递给形参。

3. 参数传递方式

参数传递分为以下两种方式。

1）按值传递

这种传递方式是单向的，实参的值传递给形参，过程执行后形参的值并不传递回实参，实参与形参各自拥有自己独立的内存地址，在调用过程结束后，形参的改变并不会影响实参的值，所以实参仍然存储为调用过程前的原值。

2）按引用传递

这种传递方式也称为按地址传递，实参传递给形参的不是变量的值，而是变量的地址，所以这是一种双向传递，由于实参和形参此时共用同一个内存地址，所以它们实际上相当于同一个变量，只是名称不同。在过程执行中，如果形参的值改变了，实参的值也会发生同样的改变。所以过程执行后，实参的值通常会发生变化。

当采用不同的过程调用形式调用过程时，其参数传递方式的规则如下。

（1）采用 "DO <过程名> [WITH <实参表>]" 命令格式调用过程时，根据实参形式的不同，参数传递方式有所不同。

① 当实参是常量或一般形式的表达式时，按值传递。

② 当实参是变量时，按引用传递。

（2）采用 "<过程名>([<实参表>])" 命令格式调用过程时，默认为按值传递。如果实参是变量，可以通过 SET UDFPARMS 命令重新设置参数传递的方式。格式如下：

    SET UDFPARMS TO VALUE|REFERENCE

其中，**TO VALUE** 为按值传递，**TO REFERENCE** 为按引用传递。

另外，对于以上两种调用方式，如果将实参变量用括号括起来，则设定按值传递；如果在实参前加@符号，设定按引用方式传递。

【**例 7.22**】   按值传递和按引用传递示例。

```
CLEAR
a=2
b=3
c=5
DO test WITH a,(b),c+1          &&a 按引用传递，(b) 和 c+1 按值传递
?a,b,c
SET UDFPARMS TO VALUE
test(a,b,c+1)                   &&都按值传递
?a,b,c
SET UDFPARMS TO REFERENCE
test(a,b,c+1)                   &&a 和 b 按引用传递，c+1 按值传递
```

```
?a,b,c
PROCEDURE test
PARAMETERS x,y,z
x=x+1
y=y+1
z=z+1
RETURN
```

程序运行结果：

```
3  3  5
3  3  5
4  4  5
```

4. 自定义函数

函数是具有返回值的过程，Visual FoxPro 系统已经定义一些常用的函数，用户可以直接进行调用。但有些特殊功能的函数，Visual FoxPro 系统没有提供，这就需要用户自己进行定义。

【格式】

FUNCTION| PROCEDURE <函数名>

[PARAMETERS <形参表>]

　　　<命令序列>

RETURN <返回值的表达式>

【说明】

（1）定义函数的格式和定义过程的格式类似。主要的区别是：定义函数经常以 FUNCTION 开始（也可以 PROCEDURE 开始），以 RETURN 结束。通常状况下，RETURN 语句之后要加上函数的返回值表达式。如果省略返回值，函数也有返回值，但固定为.T.。

（2）自定义函数与系统函数的调用方法相同，格式为：<函数名>（参数表）。

【例 7.23】　定义函数 f(n)，其功能时求 n 的阶乘，并利用该函数计算 3!+5!。

```
CLEAR
?f(3)+f(5)
*自定义函数 f
PROCEDURE f
PARAMETERS n        &&声明形式参数
s=1
FOR i=1 TO n
    s=s*i
ENDFOR
RETURN s
```

主程序执行语句"?f(3)+f(5)"时，先调用 f(3)，程序转到函数 f，并将实参 3 传给形参 n，然后用 FOR 循环计算出 n 的阶乘并赋值给 s，当执行"RETURN s"时，程序跳回主程序，同时带回返回值，使得表达式 f(3)等于 6。接着，再次调用 f(5)，使得 f(5)等于 120。最后显示结果为 126。

7.3.2 内存变量的作用域

每一个内存变量都有自己的有效作用范围，称为作用域。只有了解了变量的作用域，才能正确地使用变量。在 Visual FoxPro 中，按照作用域可以将变量分为全局变量、局部变量和私有变量三类。

1. 全局变量

全局变量也称为公共变量，在任何模块中都可以使用。全局变量必须先定义后使用，定义格式如下：

【格式】PUBLIC <内存变量表>

【功能】声明<内存变量表>中的变量为全局变量。

【说明】

（1）全局变量的初值为逻辑假.F.。

（2）全局变量建立就一直有效，使用 CLEAR MEMORY、RELEASE 命令可以清除变量或者退出 Visual FoxPro 时变量被释放。

（3）在命令窗口中建立的变量是全局变量。

2. 局部变量

局部变量只能在建立它的程序模块中使用，在其他过程或函数中不能访问此变量中的数据。若想使用局部变量，也必须先定义，定义格式如下：

【格式】LOCAL <内存变量表>

【功能】声明<内存变量表>中的变量为局部变量。

【说明】

（1）局部变量的初值为逻辑假.F.。

（2）当建立局部变量的程序模块运行结束时，局部变量就自动释放。

【例 7.24】   全局变量和局部变量示例。

```
CLEAR
PUBLIC x
x=1
DO s1
?x
PROCEDURE s1
  LOCAL x         &&声明局部变量
  x=5
  DO s2
ENDPROC
PROCEDURE s2
  x=x+1           &&该变量延用主过程中的 x 变量
ENDPROC
```

　　LOCAL 声明的变量也有隐藏上层同名变量的功效，只是到了下一层，这些被 LOCAL 隐藏的变量就会重新出现。本例中，LOCAL 声明的变量 x 在过程 s1 中隐藏了主程序中的同名变量，在过程 s2 中又重新出现，所以在过程 s2 中的变量 x 与主程序中的变量 x 为同一变量。

　　程序运行结果：

```
2
```

3. 私有变量

　　私有变量的作用域是建立变量的程序模块及其子模块。私有变量不需要声明直接就可以使用，在默认情况下，Visual FoxPro 程序中的变量都是私有变量。建立私有变量的程序模块结束，变量就自动清除。

　　由于私有变量的作用域包含它的子模块，在子模块中变量值的改变可能会影响到主模块的执行。但这种影响有时并不是我们所希望的。这时可以在子模块中用 PRIVATE 命令隐藏主模块中可能存在的同名变量，使该变量的作用范围只在 PRIVATE 声明的子模块内，这时变量值的改变就不会影响到主模块中的变量。声明格式如下：

　　【格式】PRIVATE <内存变量表>

　　【功能】隐藏上层程序模块中可能已经存在的同名内存变量，使其在当前模块及其下属模块中暂时无效。

　　【说明】

　　（1）由 PRIVATE 声明的内存变量在当前模块使用，不影响到上层模块的同名变量。

　　（2）当前程序模块运行结束返回上层模块时，隐藏的内存变量自动恢复，并保持原值。

　　【例 7.25】　　私有变量示例。

```
CLEAR
x=1
DO s1
?"主程序 x",x


PROCEDURE s1
PRIVATE x
x=5
?"私有变量 x",x
ENDPROC
```

　　过程 s1 中用 PRIVATE 声明 x 为私有变量，该变量 x 不同于主程序中 x，所以执行 x=5 不会影响主程序中的 x。

　　程序运行结果：

```
私有变量 x    5
主程序 x  1
```

7.4　程序的调试

　　程序编写完毕并不能保证完全正确，在运行时可能会出现一些错误。有些错误系统能够自动发现，从而给出错误信息，指出出错位置；而有些错误系统很难确定，只能由用户自己来查错。程序调试的目的就是确定出错的位置并纠正错误。在 Visual FoxPro 中，程序调试是通过调试器来实现的。

7.4.1　调试器环境

　　在 Visual FoxPro 中，可以使用以下两种方式打开"调试器"窗口。

　　（1）选择"工具"→"调试器"命令。

　　（2）在命令窗口中输入 DEBUG 命令。

　　打开"调试器"窗口，如图 7-23 所示。

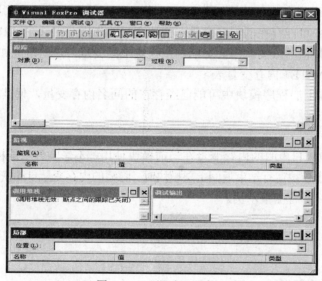

图 7-23　"调试器"窗口

　　在"调试器"窗口中有五个子窗口，分别为跟踪、监视、局部、调用堆栈和调试输出。各子窗口在程序调试中具有各自不同的作用。

　　1）"跟踪"窗口

　　在"调试器"窗口中，选择"文件"→"打开"命令，可以将需要调试的程序调用到"跟踪"窗口中。调试时，"跟踪"窗口左端显示的不同符号具有不同的意义，常见的符号有以下两种。

　　⇨：指向程序中正在执行的代码。

　　●：断点。在程序中某行处设置断点，当程序执行到该代码行时，将中断程序的执行。

　　2）"监视"窗口

　　"监视"窗口监视表达式在程序执行过程中取值的变化情况。在"监视"窗口的文本框内输入表达式，然后按<Enter>键，即可设置此表达式为监视表达式，此表达式将出现在文本框下方的列表框中。

3）"局部"窗口

"局部"窗口用于显示模块程序中内存变量的名称、类型和当前取值。

4）"调用堆栈"窗口

"调用堆栈"窗口用于显示当前处于执行状态的程序、过程或方法程序。

5）"调试输出"窗口

为了调试程序方便，可以在模块程序中放置一些 DEBUGOUT 命令，格式为

```
DEBUGOUT <表达式>
```

当程序执行到此条语句时，"调试输出"窗口将显示表达式的值。

7.4.2　设置断点

在"跟踪"窗口中显示的断点有四种不同类型，分别指定程序执行过程中不同的中断方式。下面分别介绍这四种断点及其设置方式。

1．在定位处中断

在代码某行设置这种断点后，当程序执行到该行代码时立即中断执行。要想设置此种类型的断点，可以在"调试器"环境中选择"工具"→"断点…"命令，弹出"断点"对话框，在"类型"下拉列表框中选择"在定位处中断"选项。在"定位"文本框中输入断点的位置，即在程序的第几行设置断点，如输入"main，9"，表示在模块程序 main 的第 9 行设置此种类型的断点。"文件"文本框中需要指定的是模块程序所在的文件，可以单击右侧的　　按钮，选择相应的文件。当"断点"对话框中的这些项目都设置完毕后，可以单击"添加"按钮，将该断点添加到"断点"列表框里，最后单击"确定"按钮，设置完毕，"断点"对话框如图 7-24 所示。另外还有一种比较直观的设置方法，在"调试器"环境的"跟踪"窗口中，确定要设置断点的代码行，然后双击代码行左端的

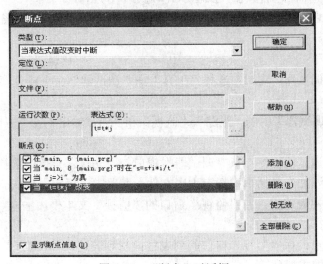

图 7-24　"断点"对话框

灰色区域，此时该区域会显示一个实心圆点，意味着断点已经设置完成，再次双击实心圆点即可取消此断点。

2. 当表达式值为真时在定位处中断

在程序调试执行过程中，如果某个指定的表达式值为真，此程序会在指定的代码行处中断执行。在"断点"对话框中，从"类型"下拉列表框中选择"如果表达式值为真则在定位处中断"选项，就设置了断点的类型。在"定位"和"文件"文本框中输入相应内容后，在"表达式"下拉列表框中输入相应的表达式，当表达式的值为真时，程序在定位处中断。最后单击"添加"及"确定"按钮。

3. 当表达式值为真时中断

指定一个表达式，在程序调试执行过程中，如果此表达式的值为真，则程序中断执行。设置此种类型的断点，只需在"断点"对话框中选择相应的断点类型，然后在"表达式"下拉列表框中输入相应的表达式即可。

4. 当表达式值改变时中断

指定一个表达式，在程序调试执行过程中，如果此表达式的值发生改变，则程序中断执行。设置此种类型断点的方法有两种：第一种方法与上一种类型相似，只需在"断点"对话框中设定即可；第二种方法可以先将表达式作为监视表达式添加到"监视"窗口中，然后在"监视"窗口的列表框中找到该表达式，双击表达式左端的灰色区域，则默认设置此表达式为该种类型的断点。

【**例 7.26**】　调试例 7.18 中的程序。在调试之前，先在程序中添加代码如下：

（1）在命令 CLEAR 之后添加 "DEBUGOUT'下面求 1 到 100 之间所有能被 3 整除的数的和'"。

（2）在语句 IF MOD(i,3)=0 之后添加 "DEBUGOUT 'i='+STR(i)"。

（3）在语句 s=s+i 之后添加 "DEBUGOUT 's='+STR(s)"。

要求：设置断点，监视表达式 MOD(i,3)=0，并在"调试输出"窗口中输出查看输出结果。

操作过程如下：

（1）打开"调试器"窗口：选择"工具"→"调试器"命令或直接在命令窗口中输入 DEBUG。

（2）打开"调试器"中的"跟踪"、"监视"和"调试输出"三个窗口：利用"窗口"菜单实现。

（3）打开要调试的程序：从"调试器"窗口的"文件"菜单中选择"打开"命令，然后在打开的"添加"对话框中指定程序文件，并单击"确定"按钮。

（4）设置监视表达式：在"监视"窗口的"监视"文本框内输入 MOD(i,3)=0，并按<Enter>键。

（5）设置断点：在"监视"窗口的列表框内找到表达式 MOD(i,3)=0，然后在其左侧的灰色区域内双击鼠标。

（6）调试运行程序：选择"调试"→"运行"命令或单击工具栏中的 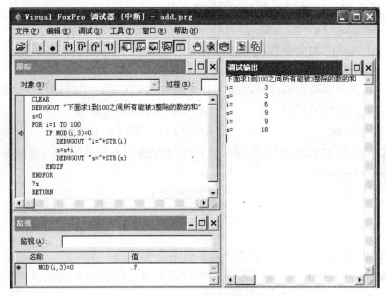 按钮。每次碰到断点中断时，可选择"调试菜单"中的"继续执行"或单击 按钮恢复程序的执行。图 7-25 是 7 次中断后的调试器状态。

图 7-25　7 次中断后调试器状态

7.5　本 章 小 结

本章主要介绍了程序的概念、结构化程序设计的三种基本结构以及过程和自定义函数的创建和应用。Visual FoxPro 是面向对象的程序设计语言，但其仍然遵循结构化程序设计的基本思想，包含顺序、选择和循环三种基本结构。顺序结构程序的总体流程都是按照从上到下的顺序执行的，对于复杂问题，就需要用选择结构和循环结构来实现。采用模块化的设计理念，程序又被分为主程序、子程序，按照自顶向下、逐步细化的设计顺序，主程序可以调用子程序、过程或自定义函数。在 Visual FoxPro 中，子程序、过程和自定义函数的区别并不明显，很多情况下是可以相互替换的。

7.6　习　　题

一、选择题

1. 在 Visual FoxPro 中，用于建立或修改程序文件的命令是_____。
　 A.　MODIFY COMMAND <文件名>
　 B.　MODIFY <文件名>
　 C.　CREATE <文件名>
　 D.　A 和 B 都正确

2. 下列方法中，不能退出 Visual FoxPro 的是_____。

     A．单击"文件"菜单中的"关闭"命令

     B．单击"文件"菜单中的"退出"命令

     C．单击窗口标题栏右端的"关闭"按钮

     D．按<Alt+F4>组合键

3. 要终止执行中的命令和程序，应按_____键。

     A．<Esc>   B．<F1>   C．<F2>   D．<F3>

4. 在非嵌套程序结构中，可以使用 LOOP 和 EXIT 语句的基本程序结构是_____。

     A．TEXT-ENDTEXT   B．DO WHILE-ENDDO

     C．IF-ENDIF   D．DO CASE-ENDCASE

5. 如果一个自定义函数 RETURN 语句中没有指定表达式，那么该函数_____。

     A．没有返回值   B．返回.T.

     C．返回 0   D．返回.F.

二、填空题

1. 在 Visual FoxPro 中，程序文件的扩展名为_____。

2. 在 Visual FoxPro 中，如果希望一个内存变量只限于在本过程中使用，说明这种内存变量的命令是_____。

3. 在程序中可以直接使用的内存变量是_____变量。

4. 执行下列程序，显示的结果是_____。

```
s=1
i=0
DO WHILE i<=10
s=s+i
i=i+2
ENDDO
?s
```

5. 执行以下程序，显示的结果为_____。

```
CLEAR
STORE 20 TO x,y
SET UDFPARMS TO VALUE
DO p1 WITH (x),y
?x,y
STORE 40 TO x,y
p1((x),y)
?x,y
PROCEDURE p1
PARAMETERS x,y
STORE x+60 TO x
```

```
STORE y+60 TO y
ENDPROC
```

三、思考题

1．简要说明子程序、过程和自定义函数的区别和联系。

2．程序文件和过程文件有什么不同？

3．EXIT 和 LOOP 命令的功能是什么？二者有什么不同？

4．三种循环结构的循环条件都是怎样规定的？是否都需要在循环体内有改变循环条件的语句？

5．若使某个内存变量只在当前过程内可以有效使用，应该如何定义？

四、编程题

1．编程求一元二次方程 $ax^2+bx+c=0$ 的实根。

2．编程求 1～100 之间既能被 3 又能被 5 整除的数的和。

3．输入 20 个学生的成绩，打印他们的平均值。

4．利用过程计算整数 1～n 的阶乘和。

第8章 菜单设计与应用

学习目标

- 了解菜单的结构及相关概念。
- 掌握菜单设计的步骤。
- 掌握菜单设计器的使用方法。
- 掌握下拉式菜单和快捷菜单的设计过程。

菜单可以看成由一组连在一起的命令按钮组成的列表,是 Windows 应用程序经常使用的一种交互方式,它能够列出应用程序具有的全部功能。本章主要介绍如何使用菜单设计器创建下拉式菜单和快捷菜单。

8.1 菜单设计基础

8.1.1 菜单分类及结构

Visual FoxPro 有两种菜单:下拉式菜单和快捷菜单。

下拉式菜单由菜单栏和一组弹出式子菜单组成。菜单栏位于应用程序窗口的顶端,它对应用程序提供的功能模块进行了基础的划分。Visual FoxPro 的系统菜单栏如图 8-1 所示。

文件(F) 编辑(E) 显示(V) 格式(O) 工具(T) 程序(P) 窗口(W) 帮助(H)

图 8-1 Visual FoxPro 系统菜单栏

菜单栏由若干主菜单项组成,每个主菜单项都有自己的菜单标题,如图 8-1 中的"文件（F）"、"编辑（E）"等均为主菜单项。每个主菜单项对应一个弹出式子菜单。如图 8-2 所示,单击系统菜单栏的"文件（F）"菜单项时会弹出一个子菜单。子菜单包含该功能模块中所有选项,如"新建"和"打开"等。选择任意菜单项都会发生下面三种情况之一:执行一条命令、调用一个过程或打开另一个子菜单。

如果想用键盘来操作菜单项,可以为其设置"热键"或"快捷键"。热键是一个带下划线的字母,快捷键通常是<Ctrl>键加上一个字母键。如图 8-2 中"文件"菜单下的子菜单项"新建（N）"的热键为字母"N",快捷键为<Ctrl+N>。按住<Alt>键时,再按<F>键可以打开"文件"子菜单,在弹出"文件"子菜单后,即可以使用<N>键打开新建文件窗口。快捷键则不需要打开"文件"子菜单,直接按<Ctrl+N>键执行新建操作。

下拉式菜单的特点是条理清晰，结构严谨，可以涵盖应用程序的所有功能。

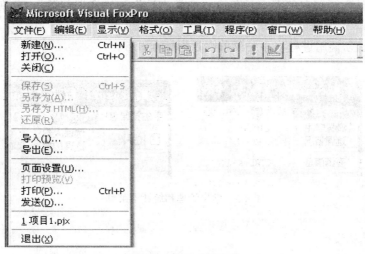

图 8-2　弹出式子菜单

快捷菜单是用鼠标右击某个对象时出现的菜单，菜单中会列出与该对象有关的功能选项。它可以增加程序的可操作性、提高应用程序效率。

8.1.2　菜单设计步骤

不论是下拉式菜单还是快捷菜单，它们的设计过程相似。首先，规划设计菜单标题、子菜单组成及菜单出现的位置。然后，为每一个菜单项指定任务，菜单项的任务可以是弹出下一级子菜单，也可以是直接执行一条命令或调用一个过程。在菜单结构确定以后，就可以使用"菜单设计器"创建各级菜单及菜单项，为菜单项指定任务，编写命令或过程，生成菜单程序，对菜单进行修改及测试。

菜单设计的基本步骤如下。

（1）规划设计菜单结构。

（2）使用菜单设计器，定义菜单并编写代码。

（3）生成菜单程序。

（4）运行测试菜单功能。

8.2　下拉式菜单设计

下面通过一个菜单的实例，介绍下拉式菜单的设计过程。

【例 8.1】　利用"菜单设计器"设计一个下拉式菜单。

具体要求如下：

（1）下拉式菜单的文件名为 mymenu1.mnx。

（2）菜单栏主菜单项有"学生管理（**M**）"、"统计（**T**）"和"退出（**Q**）"。

（3）"学生管理"对应子菜单的菜单项包含"浏览学生"、"选课情况"和"查询信息"，对应的快捷键分别为＜Ctrl+L＞、＜Ctrl+U＞和＜Ctrl+K＞。它们分别调用 stulist.prg 程序、query1.qpr 查询和 myform1.scx 表单对菜单项分组，如图 8-3 所示。

（4）"统计"子菜单的菜单项包含"选课人数"和"选课门数"，分别在过程中用 SQL 语句完成，如图 8-3 所示。

（5）"退出"调用过程将系统菜单恢复为标准设置。

图 8-3　学生管理和统计子菜单

8.2.1　菜单结构设计

例 8.1 菜单结构设计操作步骤如下。

（1）打开菜单设计器。选择"文件"→"新建"命令，弹出"新建"对话框，如图 8-4 所示。选择"菜单"选项，单击"新建文件"按钮，弹出"新建菜单"对话框，如图 8-5 所示。单击"菜单"按钮，弹出"菜单设计器"窗口，如图 8-6 所示。

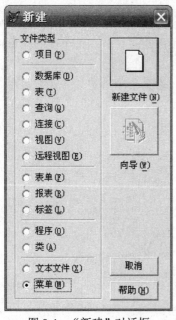

图 8-4　"新建"对话框　　　　　　　　图 8-5　"新建菜单"对话框

（2）定义菜单栏。在打开的"菜单设计器"窗口的"菜单名称"框中，依次分行输入三个菜单项名称并设置热键，如图 8-6 所示。

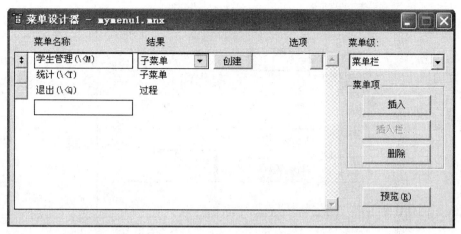

图 8-6　"菜单设计器"窗口

注　意

设置热键时，在"菜单名称"的热键字母前输入"\<"，这两个字符为英文半角字符。

（3）定义"学生管理"子菜单。单击"学生管理"右侧的"创建"按钮，在下一页中分行输入子菜单的菜单项，如图 8-7 所示。

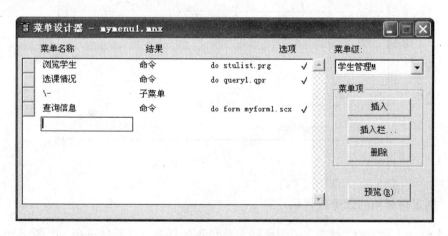

图 8-7　定义"学生管理"子菜单的菜单项

注　意

为菜单项分组要在英文状态输入"\-"，则该项菜单显示为分割线。

（4）定义快捷键。单击每一个菜单项右侧的"选项"列的无符号按钮，在"提示选项"对话框中单击"键标签"框，如图 8-8 所示，按下键盘上相应的组合键为菜单项设置快捷键。

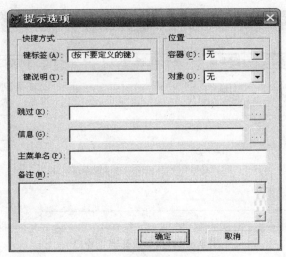

图 8-8　"提示选项"对话框

（5）定义"统计"子菜单。在"菜单级"列表中选择"菜单栏"，返回"菜单设计器"首页。单击"统计"所在行的"创建"按钮，进入子菜单设计界面。分别输入如图 8-9 所示的两个子菜单项。

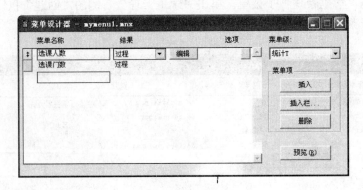

图 8-9　定义"统计"子菜单的菜单项

8.2.2　指定菜单项的任务或代码

"菜单设计器"的"结果"项用来指定菜单项的任务，有四种选择，如图 8-10 所示。

（1）命令：表示菜单项会直接执行一条命令。选择此项，只能在其后的文本框中输入一条命令。

（2）子菜单：表示单击该菜单项会弹出子菜单。选择此选项后，单击其后出现的"创建"按钮，会进入"菜单设计器"的下一页，开始子菜单的设计。在子菜单已经创建的情况下，其后的按钮为"编辑"，单击该按钮可以对子菜单进行修改。

（3）过程：表示该菜单项调用一个过程。选择此选项后，单击其后的"创建"按钮，会打开过程编辑窗口，在其中可以输入和编辑多行程序代码。

（4）填充名称或菜单项#：为菜单项指定主菜单项内部名称或子菜单项编号。

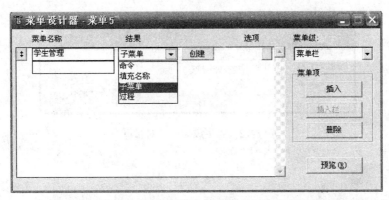

图 8-10　"菜单设计器"的"结果"项

例 8.1 各菜单项的代码设置操作步骤如下。

（1）"浏览学生"、"选课情况"和"查询信息"子菜单的结果选择"命令"，输入调用程序、查询和表单的命令，如图 8-7 所示。假设这三个文件已经建立完毕。

（2）"选课人数"和"选课门数"子菜单的结果选择"过程"，单击"创建"按钮，在打开的过程编辑窗口中，分别编写如图 8-11 所示的代码。

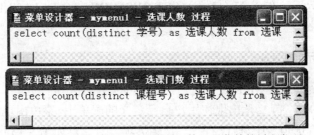

图 8-11　"选课人数"和"选课门数"子菜单的过程代码

（3）为"退出"菜单编写过程代码，功能是在用户使用自定义菜单后，将系统菜单恢复成原来的样子。返回"菜单设计器"首页，将"退出"的"结果"列改为"过程"，然后单击"创建"按钮，在打开的过程编辑窗口中输入下面两条命令：

```
SET SYSMENU NOSAVE
SET SYSMENU TO DEFAULT
```

其中，NOSAVE 表示将默认设置恢复为系统菜单的标准配置；TO DEFAULT 表示将系统菜单恢复为默认设置。

8.2.3　生成并运行菜单

保存并运行例 8.1 中的菜单操作步骤如下。

（1）保存菜单文件（.mnx）。单击工具栏"保存"按钮，将菜单保存为"mymenu1.mnx"文件，同时生成"mymenu1.mnt"菜单备注文件。

（2）生成菜单程序文件（.mpr）。选择"菜单"→"生成"命令，弹出"生成菜单"对话框，如图 8-12 所示。设定生成文件的路径，输入文件名"mymenu1.mpr"，单击"生成"按钮。

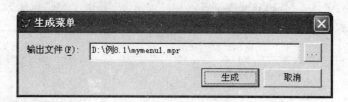

图 8-12 　"生成菜单"对话框

只有在打开"菜单设计器"窗口时，才能使用"菜单"菜单项。菜单进行修改后，要重新生成菜单程序文件。

（3）运行菜单。在命令窗口中输入命令：

```
DO mymenu1.mpr
```

定义好的菜单会显示在 Visual FoxPro 窗口的菜单栏上。单击"退出"菜单项，可以结束菜单程序的运行。在命令窗口输入 SET SYSMENU TO DEFAULT 也可以恢复系统菜单。

8.2.4　菜单的显示

在使用 DO 命令运行 MPR 文件之后，菜单可以出现在两个位置：一是出现在 Visual FoxPro 系统菜单的位置，二是出现在用户自己定义的表单上。菜单出现的位置需要在"显示"菜单的"常规选项"中进行设置，"常规选项"对话框如图 8-13 所示。

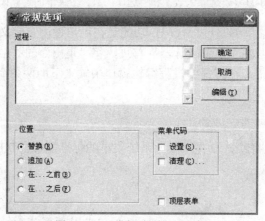

图 8-13 　"常规选项"对话框

"位置"选项组：用来指定用户设计菜单与 Visual FoxPro 系统菜单之间的关系。

- 替换：将系统菜单替换为用户所定义的菜单（默认选项）。
- 追加：将用户定义的菜单添加到系统菜单的后面。
- 在...之前：将用户定义的菜单插入到系统菜单中指定的菜单项之前。选择此项后，会在选项的右侧出现一个下拉式列表，列出当前系统菜单栏中的所有菜单项，选择一项后，用户定义的菜单就会被插入此菜单项的前面。

● 在…之后：将用户定义的菜单插入到系统菜单中指定的菜单项之后。

【例 8.2】 利用"菜单设计器"修改 mymenu1.mnx 菜单，使自定义的菜单追加到系统菜单之后，如图 8-14 所示。

图 8-14 自定义的菜单追加到系统菜单之后

操作步骤如下：

（1）打开菜单文件 mymenu1.mnx。

（2）选择"显示"→"常规选项"命令，在弹出的"常规选项"对话框（见图 8-13）中选择"追加（$\underline{A}$）"。

（3）重新生成菜单程序文件，替换原有的菜单程序文件 mymenu1.mpr，运行刚生成的菜单程序文件，运行结果如图 8-14 所示。

【例 8.3】 利用"菜单设计器"修改 mymenu1.mnx 菜单，使自定义的菜单插入到系统菜单"帮助"之前，如图 8-15 所示。

图 8-15 自定义的菜单插入到系统菜单"帮助"之前

操作步骤与例 8.2 所述类似，只是在"常规选项"对话框（见图 8-13）中选择"在…之前($\underline{B}$)"，并在后面的下拉列表框中选择"帮助"。

8.2.5 为表单添加菜单

【例 8.4】 设计一个显示查询结果的顶层表单，并添加菜单，如图 8-16 所示。表单文件名为"myform1.SCX"，表单控件名也为"myform1"，表单标题为"顶层表单"，表单中的表格控件 Grid1 用来显示查询的结果。在表单的顶部显示菜单，菜单文件名为"mymenu2.MNX"，菜单栏中有两个菜单项"查询学生"和"退出"，"查询学生"子菜

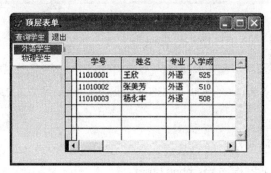

图 8-16 例 8.4 图例

单包含"外语学生"和"物理学生"两项，分别查询数据库中这两个专业的学生情况，"退出"菜单项为关闭释放此顶层表单，并返回到系统菜单（在过程中完成）。

操作步骤如下：

（1）建立一个下拉菜单"mymenu2.mnx"，结构如图 8-17 所示。

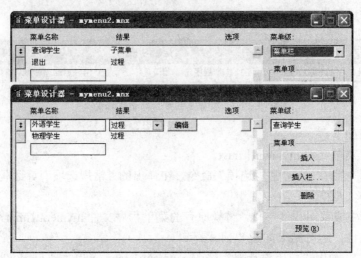

图 8-17　下拉菜单 mymenu2 的结构

编写"外语学生"、"物理学生"和"退出"三个菜单的过程代码，如图 8-18 所示。

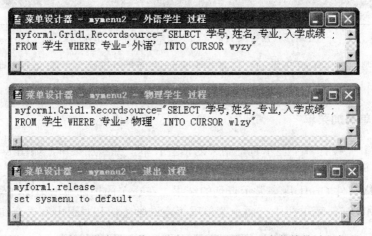

图 8-18　"外语学生"、"物理学生"和"退出"三个菜单的过程代码

注　意

在菜单中要释放表单，不能使用"ThisForm.release"命令，而必须用表单的名称（即 Name 属性值）来引用表单。

（2）设置"显示"菜单中的"常规选项"，选中"顶层表单"复选框。

（3）保存并生成菜单程序 mymenu2.mpr。

（4）新建表单"myform1.SCX"，在表单中加入表格控件，设置表单和表格控件的相关属性。

表单控件：

> ShowWindow＝2-作为顶层表单
> Name=myform1
> Caption ＝顶层表单

表格控件：

> RecordSourceType=4-SQL 说明

（5）在表单的加载事件（Load 事件）中调用菜单程序，如图 8-19 所示。

图 8-19　表单 Load 事件中的代码

注 意

菜单程序扩展名.mpr 不能省略。this 表示当前表单。"abc"是菜单指定一个内部名字，可以省略。

（6）释放菜单。在表单的 Destroy 事件中添加如下命令：

```
RELEASE MENU mymenu2
```

注 意

此命令在关闭表单时用来关闭菜单，菜单程序扩展名.mpr 可以省略。

（7）运行表单。

8.3　快捷菜单设计

设计快捷菜单也使用"菜单设计器"来实现，其设计方法与下拉式菜单的方法相同。

【例 8.5】　为表单添加快捷菜单，如图 8-20 所示。表单文件名为"myform2.scx"，菜单文件名为"mymenu3.mnx"，菜单程序文件名"mymenu3.mpr"。当在表单上右击时弹出快捷菜单，其菜单项有"日期"、"时间"和"退出（Q）"，它们分别用来在表单的标签上显示系统日期、时间以及关闭并退出表单。

图 8-20　为表单添加快捷菜单

操作步骤如下：

（1）在如图 8-5 所示的"新建菜单"对话框中，单击"快捷菜单"按钮。在打开的"菜单设计器"中设计菜单。菜单项名称及结果如图 8-21 所示。

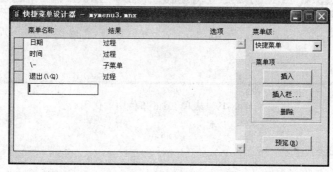

图 8-21　快捷菜单的结构

（2）编写过程代码。

"日期"菜单项的过程代码如下：

```
Myform2.Label1.Caption=DTOC(DATE())
```

"时间"菜单项的过程代码如下：

```
Myform2.Label2.Caption=TIME()
```

"退出（\<Q）"菜单项的过程代码如下：

```
Myform2.Release
```

注　意 🔊

　代码中的"Myform2"为下面步骤（5）中建立的表单文件"myform2.scx"，此文件应与菜单文件在同一路径下。

（3）添加菜单的"清理"代码。打开"常规选项"对话框，如图 8-13 所示，选中"清理"选项，在弹出的代码窗口中输入如下命令：

```
RELEASE POPUPS mymenu3 EXTENDED
```

> **注 意**
>
> 代码中的"mymenu3"为此快捷菜单的默认内部名，EXTENDED 表示清除菜单的所有子菜单。

（4）保存并生成菜单文件"mymenu3.mnx"和"mymenu3.mpr"。

> **注 意**
>
> 每次对菜单进行修改后，要重新生成菜单程序文件。

（5）新建表单"myform2.scx"，如图 8-22 所示。表单中添加两个标签 Label1 和 Label2。

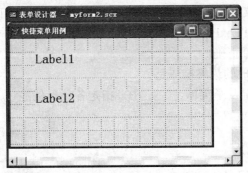

图 8-22　新建表单"myform2.scx"

（6）编写表单的 RightClick 事件代码。

```
Do mymenu3.mpr
```

（7）运行表单。

8.4　本 章 小 结

　　菜单是一系列命令组成的列表，是 Windows 应用程序普遍使用的一种交互方式，它使得应用程序的所有功能构成一个完整的软件系统。

　　Visual FoxPro 有两种菜单：下拉式菜单和快捷菜单。菜单设计的过程需要规划设计系统菜单标题、子菜单组成及菜单出现的位置，还要为每一个菜单项指定任务。Visual FoxPro 菜单设计要在"菜单设计器"中进行。

8.5　习　　题

一、选择题

　　1. 菜单项名称为"Help"，要为该菜单项设置热键 H，则在"菜单名称"中设置为____。

　　A．Alt+Help　　　　　　　　　　B．\<Help

  C．Alt+\<Help   D．<Help

2．典型的菜单系统一般是一个_____。

  A．条形菜单   B．快捷式菜单

  C．下拉式菜单   D．主菜单

3．建立菜单的命令是_____。

  A．MODIFY PROJECT   B．CREATE MENU

  C．NEW MENU   D．NEW PROJECT

4．下列关于菜单设计器的说法，正确的一项是_____。

  A．可以为顶层表单设计下拉式菜单

  B．通过定制 Visual FoxPro 系统菜单建立应用程序的下拉式菜单

  C．在利用"菜单设计器"设计菜单时，各菜单项功能可以由自己来定义，也可
   以用 Visual FoxPro 系统的标准菜单项及功能

  D．以上选项都正确

5．设计菜单要完成的最终操作是_____。

  A．创建主菜单及子菜单   B．指定各菜单任务

  C．浏览菜单   D．生成菜单程序

二、填空题

1．要创建一个顶层表单，应将表单的 ShowWindow 属性设置为_____。

2．在菜单设计器环境下，"显示"菜单会出现_____和_____两个菜单项。

3．Visual FoxPro 有两种菜单：下拉式菜单和_____。

三、思考题

1．下拉式菜单由什么组成？下拉式菜单与快捷菜单有什么不同？

2．打开菜单设计器的方法都有哪些？

3．默认的弹出式子菜单的内部名称是什么？如何修改弹出式子菜单的内部名称？

4．什么是快捷键和热键，它们的设置方法分别是什么？

5．如何修改菜单中菜单项的内部名称？

6．如何添加菜单的"清理"代码和"设置"代码？

7．简述为顶层表单设计菜单的步骤。

8．简述为表单设计快捷菜单的步骤。

第 9 章　报表设计与应用

学习目标

- 了解报表的基本概念。
- 掌握简单报表的创建方法。
- 掌握报表设计器的使用和编辑方法。
- 掌握分组报表、分栏报表的创建方法。
- 掌握报表的页面设置与打印。

报表是通过打印机将所需要的数据以书面形式输出的一种方式，是实用的打印文档。本章主要介绍报表的创建和设计方法。

9.1　创建简单报表

报表主要包括两个部分：数据源和布局。数据源是指报表的数据来源，通常是表（数据库表、自由表、临时表），也可以是视图或查询；布局是指报表的输出格式。

9.1.1　报表的布局

设计报表的主要工作是定义报表的布局。根据报表的数据源和应用需要来设计报表的布局，并将报表布局保存到报表文件中，其扩展名为.frx。

Visual FoxPro 提供了三种创建报表布局的方法。

（1）使用报表向导创建单表或多表报表。

（2）使用快速报表创建简单规范的报表。

（3）使用报表设计器修改已有的报表或创建自定义的报表。

实际应用中，通常先用"报表向导"或"快速报表"创建一个简单的报表，然后在"报表设计器"中对报表布局进行修改。

9.1.2　使用报表向导创建报表

报表向导是一种引导用户快速建立报表的工具，用户只要回答报表向导提出的一系列问题，即可自动创建一个报表布局。Visual FoxPro 提供了两种报表向导：单表报表向导和一对多报表向导。

【例 9.1】　利用"报表向导"，对"教学"数据库中的"学生"表创建报表，要求：报表中包含"学生"表中的学号、姓名、性别、专业和入学成绩字段，报表样式为"帐务式"，报表布局方向为"纵向"，报表记录按"学号"升序排序，报表标题为"学生情况表"，将报表保存为"学生.frx"。

操作步骤如下：

（1）启动报表向导：选择"文件"→"新建"命令，在打开的"新建"对话框中选择"报表"，单击"向导"单选按钮，打开"向导选取"对话框，如图 9-1 所示。选择"报表向导"选项，单击"确定"按钮。

（2）字段选取：在报表向导"步骤 1-字段选取"对话框中，选择"教学"数据库中的"学生"表，在"可用字段"列表框中选定输出的字段，添加到"选定字段"列表中，如图 9-2 所示，单击"下一步"按钮。

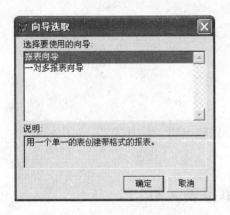

图 9-1　"向导选取"对话框

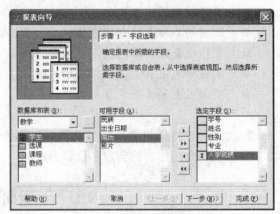

图 9-2　"字段选取"对话框

（3）分组记录：在报表向导"步骤 2-分组记录"对话框的分组下拉列表框中可以选择分组字段，如图 9-3 所示，本例不需要分组，直接单击"下一步"按钮。

（4）选择报表样式：在报表向导"步骤 3-选择报表样式"对话框中，"样式"下拉列表框选择"帐务式"，如图 9-4 所示，单击"下一步"按钮。

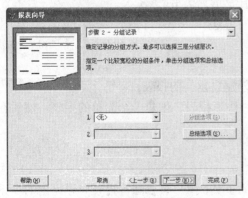

图 9-3　"分组记录"对话框

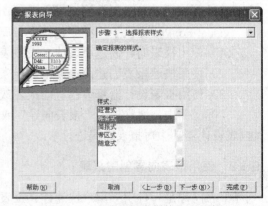

图 9-4　"选择报表样式"对话框

（5）定义报表布局：在报表向导"步骤 4-定义报表布局"对话框中，选择所需要的报表布局：列数、方向和字段布局，如图 9-5 所示。本例选择纵向 1 列的报表布局，单击"下一步"按钮。

（6）排序记录：在报表向导"步骤 5-排序记录"对话框中，选择按"学号"升序排序，如图 9-6 所示，单击"下一步"按钮。

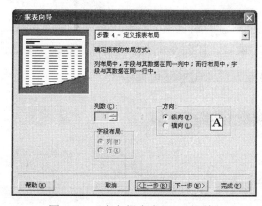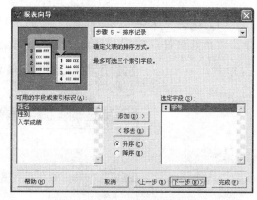

图 9-5　"定义报表布局"对话框　　　　图 9-6　"排序记录"对话框

（7）保存报表：在报表向导"步骤 6-完成"对话框中，输入报表标题"学生情况表"，如图 9-7 所示。选择"保存报表以备将来使用"，单击"预览"按钮，可预览页面效果，如图 9-8 所示。最后，单击"完成"按钮，指定报表文件的保存位置，输入文件名"学生.frx"。

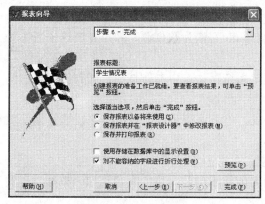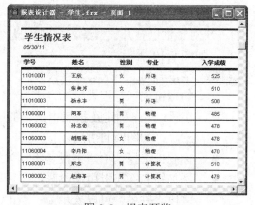

图 9-7　"完成"窗口　　　　图 9-8　报表预览

9.1.3　创建快速报表

利用"快速报表"功能可以快速、方便、灵活地完成简单报表的创建。

创建快速报表，首先需要打开"报表设计器"，启动"报表设计器"方法如下。

（1）选择"文件"→"新建"命令，打开"新建"对话框，选择"报表"单选按钮，单击"新建文件"按钮，打开"报表设计器"窗口。

（2）在命令窗口输入如下命令：

```
CREATE REPORT <文件名>    &&创建新的报表
```
或
```
MODIFY REPORT <文件名>    &&打开一个已有的报表
```

【例 9.2】　使用快速报表方法建立报表"教师.frx"，报表包括"教师"表中的教师号、姓名、性别和职称字段。

操作步骤如下：

（1）选择"文件"→"新建"命令，打开"新建"对话框，选择"报表"单选按钮，单击"新建文件"按钮，打开"报表设计器"窗口，如图 9-9 所示。

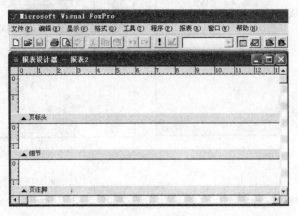

图 9-9 "报表设计器"窗口

（2）选择"报表"→"快速报表"命令，若事先没有打开的数据源，则系统会弹出"打开"对话框以打开数据源。本例选择"教师.dbf"作为数据源，弹出"快速报表"对话框，如图 9-10 所示。

- 字段布局：用来选取字段排列方式，系统默认选中左侧按钮，即列报表，右侧的按钮表示行报表。
- 字段：用来确定在报表中出现的字段。单击该按钮后，弹出"字段选择器"对话框，如图 9-11 所示。
- 标题：选择此项；字段名将作为列标题出现。
- 添加别名：在引用字段时，在字段名前显示出数据表的别名，如"教师"表的字段"姓名"可以表示为：教师.姓名。
- 将表添加到数据环境中：将打开的表文件添加到报表数据环境中作为报表数据源。

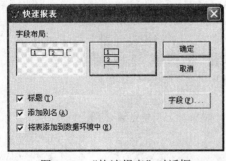

图 9-10 "快速报表"对话框

图 9-11 "字段选择器"对话框

（3）本例"字段布局"选择系统默认的列报表，选定如图 9-11 所示的字段。单击"确定"按钮，返回到"报表设计器"窗口，如图 9-12 所示。

（4）单击"打印预览"按钮 🔍，显示预览结果，如图 9-13 所示。

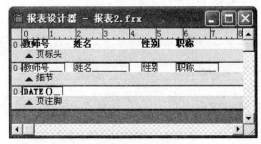

图 9-12　确定数据源后的"报表设计器"窗口　　　　　图 9-13　快速报表预览

（5）将报表保存为"教师.frx"。

9.2　使用报表设计器设计报表

使用报表向导和快速报表只能生成样式简单的报表，若要创建复杂的、具有个性化的报表，可使用报表设计器来实现。使用"报表设计器"可以设置报表的数据源，设计修改报表的布局，添加各种报表控件，设计出带表格线的报表、分组报表、多栏报表等。

9.2.1　报表工具栏

为了方便报表设计，Visual FoxPro 提供了"报表设计器"工具栏、"报表控件"工具栏、"调色板"工具栏和"布局"工具栏。使用"显示"→"工具栏"命令，可打开或关闭相应的工具栏。

1．"报表设计器"工具栏

"报表设计器"工具栏在打开报表时自动显示，如图 9-14 所示。

2．"报表控件"工具栏

可以使用"报表控件"工具栏向报表添加控件。选择"显示"→"报表控件工具栏"命令可以打开"报表控件"工具栏，如图 9-15 所示，各控件功能如表 9-1 所示。

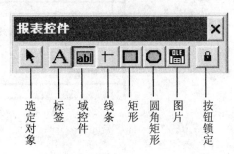

图 9-14　"报表设计器"工具栏　　　　　　　　图 9-15　"报表控件"工具栏

表 9-1　　"报表控件"工具栏各控件功能

控件名称	功　　能
选定对象	用于选定报表中的控件
标签	用于添加文本控件
域控件	用于添加字段、表达式、函数和变量控件
线条、矩形、圆角矩形	用于在报表上绘制相应的图形
图片／ActiveX 绑定控件	用于添加图片或 OLE 对象的通用型字段
按钮锁定	用于连续添加控件而锁定某个按钮

9.2.2　报表的数据源和带区

1．报表的数据源

报表总是与数据相联系的，因此报表要有数据源用于指定报表输出哪些数据。使用"快速报表"和"报表向导"创建报表时，直接指定了数据表或视图作为数据源。使用报表设计器创建报表时，需要在报表的数据环境中指定数据源，操作方法如下。

（1）在"报表设计器"中选择"显示"→"数据环境"命令，打开"数据环境设计器"窗口。

（2）在"数据环境设计器"窗口中右击，添加数据源。

2．报表的带区

使用报表设计器的带区，可以控制数据在页面上的打印位置。打开"报表设计器"后，只有页标头、细节和页注脚三个默认的基本带区，如图 9-16 所示。"页标头"和"页注脚"带区的内容每页打印一次，页标头一般是每页页头的标题，页注脚是每页页尾的注脚；"细节"带区是报表主要的设计部分，即报表的数据区域，"细节"带区的一行对应数据表的多条记录，形成报表的多行显示。

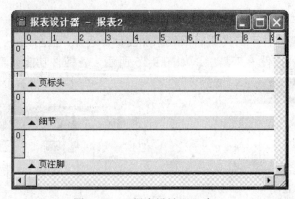

图 9-16　　"报表设计器"窗口

1）增加新带区

除了三个默认的带区外，Visual FoxPro 还提供了"标题/总结"带区、"组标头/组注脚"带区、"列标头/列注脚"带区。各带区及功能如表 9-2 所示。

表 9-2　带区功能及命令

带区	使用命令	功能说明	放置数据
标题	"报表"→"标题/总结"命令	每张报表开始打印一次	标题、日期、页码等
页标头	默认	每页面开始打印一次	列标题、日期、页码等
列标头	"文件"→"页面设置"命令	多栏报表每列打印一次	列标题
组标头	"报表"→"数据分组"命令	分组报表每组打印一次	分组字段
细节	默认	每条记录打印一次	数据及表达式的值
组注脚	"报表"→"数据分组"命令	分组报表每组打印一次	分组总结、小计
列注脚	"文件"→"页面设置"命令	多栏报表每列打印一次	列合计
页注脚	默认	每页面结尾打印一次	日期、页码、分类总计等
总结	"报表"→"标题/总结"命令	每张报表结尾打印一次	总计文本

（1）添加"标题"和"总结"带区。选择"报表"→"标题/总结"命令，弹出"标题/总结"对话框。单击"标题带区"复选框，在报表中增加一个"标题"带区。该带区的内容将在报表开始处仅出现一次。

用同样的方法可添加"总结"带区。

（2）添加"组标头"和"组注脚"带区。选择"报表"→"数据分组"命令，弹出如图 9-17 所示的"数据分组"对话框，输入分组表达式后可对表数据进行分组输出。若输入多个表达式可以实现多级分组，一个报表最多允许建立 20 级分组。

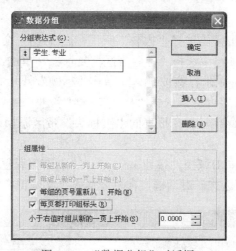

图 9-17　"数据分组"对话框

设置好分组表达式和组属性后，单击"确定"按钮。在"报表设计器"窗口中将增加"组标头"和"组注脚"带区，在带区标识栏上将显示所定义的分组表达式。

（3）添加"列标头"和"列注脚"带区。设置"列标头"和"列注脚"带区主要用于创建多栏报表。

选择"文件"→"页面设置"命令，打开"页面设置"对话框，将列数改为大于 1，则添加一个"列标头"和"列注脚"带区。

2）调整带区高度

带区高度一般调整到能容纳其中的控件对象，如果某个带区高度为 0，该带区内容将不输出。将鼠标移到带区标识栏上，指针变成上下箭头形状，按住鼠标左键拖动，可改变该带区的高度。

3）添加控件

使用"报表控件"工具栏可以方便地添加报表控件。"标签"控件一般用于显示文字说明，且置于"页标头"带区，如标题、列名的说明等。"域控件"常置于报表的"细节"带区、"组注脚"带区、"总结"带区，用于建立字段、函数、变量等表达式对象，显示动态数据。线条、图形控件用于在报表适当的位置添加相应的图形。

各控件创建的方法基本相同，先单击"报表控件"工具栏相应的控件，然后在报表中相应的带区单击，若先单击锁定按钮 🔒，再单击某个控件按钮，则表示该按钮被锁定，可以连续创建多个同样的控件。再次单击锁定按钮 🔒，可解除对该控件按钮的锁定。

4）设置控件的格式

报表控件创建后，使用"布局"工具栏、"调色板"工具栏可以对控件作布局调整、设置控件的颜色等。使用格式菜单的字体命令可设置控件上文字的字体、字型、字号等。

【例9.3】 修改由例9.2创建的快速报表"教师.frx"，要求：增加"党员否"字段，添加报表标题"教师情况表"，并设置为宋体四号字，添加线条及图片，将页注脚区显示的当前日期改为当前时间，调整带区高度及各控件的布局，将报表保存为"教师修改.frx"

操作步骤如下：

（1）打开报表"教师.frx"，启动"报表设计器"。

（2）添加"标题"带区。选择"报表"→"标题/总结"命令，在"标题/总结"对话框的"报表标题"选项组中选择"标题带区"复项框，单击"确定"按钮。

（3）添加标签控件。单击标签按钮 A，单击"标题"带区中相应位置，输入"教师情况表"，选中输入的标签内容，选择"格式"→"字体"命令，在打开的"字体"对话框中设置相应的字体、字号。在报表的"页标头"带区添加标签"党员否"，设置标签的外观。

（4）添加域控件。单击域控件按钮 📧，单击"细节"带区中的相应位置，弹出如图9-18所示的"报表表达式"对话框，在"表达式"文本框中输入"教师.党员否"。

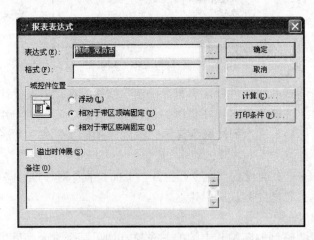

图9-18 "报表表达式"对话框

　　除了使用上述方法添加字段外，用户还可以将"数据环境"设计器中的"党员否"字段名直接拖动到"报表设计器"窗口的"细节"带区相应位置。

　　（5）添加线条。单击"线条"按钮，在"标题"带区下画两条水平线。在"页标头"带区的字段名标签控件下画一条水平线。同时选定这三条线，单击"布局"工具栏上的"相同宽度"按钮 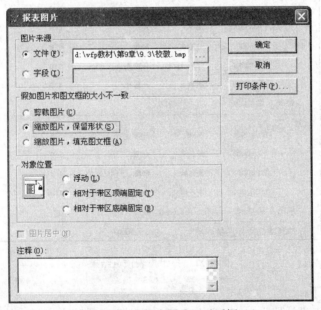。选定第二条线，选择"格式"→"绘图笔"→"2 磅"命令，设置线的宽度。

　　（6）添加图片。单击"图片 / ActiveX 绑定控件"按钮，在"标题"带区单击鼠标，在弹出的"报表图片"对话框的"图片来源"框中选定要插入的图片文件，如图 9-19 所示，在"假如图片和图文框的大小不一致"框中选定"缩放图片，保留形状"选项。单击"确定"按钮返回"报表设计器"窗口，并对图片的尺寸进行适当的调整。

　　（7）更改页注脚。双击"页注脚"中的显示当前日期的域控件，在打开的"报表表达式"对话框中将原来的 DATE() 改为 TIME()，单击"确定"按钮。

　　设置后的"报表设计器"如图 9-20 所示。

　　（8）预览并保存报表。预览报表，将报表另存为"教师修改.frx"。

图 9-19　"报表图片"对话框

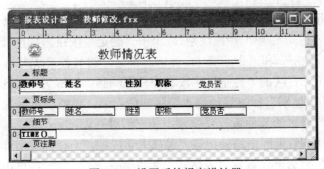

图 9-20　设置后的报表设计器

9.3　数据分组和多栏报表

9.3.1　设计分组报表

　　使用报表输出一个表或视图中的数据时，有时需要将一个表中的数据分为多组输出，并对每组数据进行统计计算。在一个报表中可以基于分组表达式设置一个或多个分组。对数据进行分组前，要对报表的数据源按分组表达式进行排序或索引。

　　【例 9.4】　修改例 9.1 中的报表"学生.frx"，按性别分组，计算每组学生的最高入学成绩以及所有学生的平均入学成绩，如图 9-21 所示。将报表保存为"学生修改.frx"。

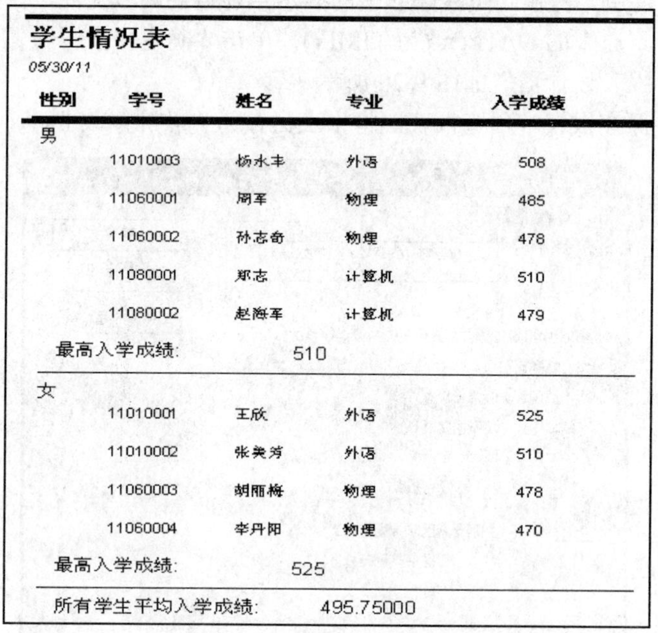

学生情况表
05/30/11

性别	学号	姓名	专业	入学成绩
男				
	11010003	杨水丰	外语	508
	11060001	周军	物理	485
	11060002	孙志奇	物理	478
	11080001	郑志	计算机	510
	11080002	赵海军	计算机	479
最高入学成绩:		510		
女				
	11010001	王欣	外语	525
	11010002	张美芳	外语	510
	11060003	胡丽梅	物理	478
	11060004	李丹阳	物理	470
最高入学成绩:		525		
所有学生平均入学成绩:		495.75000		

图 9-21　分组报表预览结果

操作步骤如下：

（1）在"报表设计器"中为"学生"表"性别"字段建立索引，并设置为当前索引。

（2）打开报表"学生.frx"，启动"报表设计器"。

（3）选择"报表"→"数据分组"命令，打开"数据分组"对话框，如图 9-22 所示。设置"分组表达式"为"学生.性别"，单击"确定"按钮，则在"报表设计器"中出现"组标头 1：性别"和"组注脚 1：性别"带区，调节各带区大小。

（4）将"细节"带区的"性别"字段域控件拖动到"组标头"带区中的最左侧，把"页标头"带区的"性别"标签移动到本带区的最左侧，调整"页标头"带区的其他标签控件和"细节"带区的其他域控件位置，使它们对齐。

（5）在"组注脚"带区中添加标签"最高入学成绩："。在标签后面添加域控件，打开"报表表达式"对话框，设置"表达式"为"学生.入学成绩"，单击"计算"按钮，在"计算字段"对话框中选择"最大值"单选按钮，如图 9-23 所示，单击"确定"按钮。最后，添加横线。

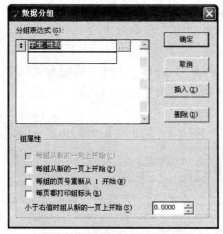

图 9-22 "数据分组"对话框

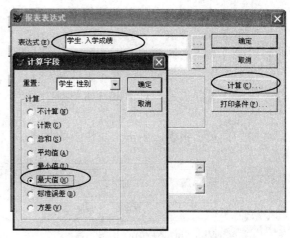

图 9-23 "计算字段"对话框

（6）选择"报表"→"标题/总结"命令，添加"总结"带区。在"总结"带区添加标签"所有学生平均入学成绩："，在标签后面添加域控件，设置"表达式"为"学生.入学成绩"，单击"计算"按钮，在"计算字段"对话框中选择"平均值"，单击"确定"按钮。

（7）调整各带区的大小和控件布局，设计完成的"报表设计器"如图 9-24 所示。

（8）预览报表，将报表保存为"学生修改.frx"。

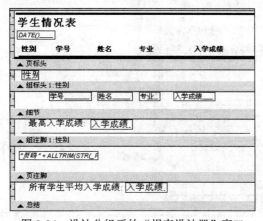

图 9-24 设计分组后的"报表设计器"窗口

9.3.2 设计多栏报表

多栏报表是一种将一个页面分成多个栏目打印输出的报表。如果报表中要输出的字段较少，可以将报表设置为多个栏目。设置多栏报表需要通过"页面设置"对话框设置报表的栏目数，打印顺序设置为"自左向右"。

【例 9.5】 以"选课"表为数据源，使用"报表向导"设计一个两栏报表，如图 9-25

所示。将报表保存为"选课.frx"。

操作步骤如下：

（1）使用"报表向导"创建报表。选取"选课"表中的全部字段，"报表标题"输入"学生选课成绩表"，选择"保存报表并在'报表设计器'中修改报表"单选按钮，将报表保存为"选课.frx"。

（2）对报表进行页面设置。在"报表设计器"窗口中，选择"文件→页面设置"命令，弹出"页面设置"对话框，如图 9-26 所示，列数设置为"2"，打印顺序设置为自左向右▦。

（3）预览该报表。单击工具栏上的"打印预览"按钮▣，显示结果如图 9-25 所示。

学 生 选 课 成 绩 表					
05/30/11					
学号	课程号	成绩	学号	课程号	成绩
11010001	001	95	11010001	004	85
11010002	001	90	11010003	001	92
11060001	002	88	11060001	005	80
11060002	002	86	11080001	003	98
11080001	005	75			

图 9-25　预览多栏报表

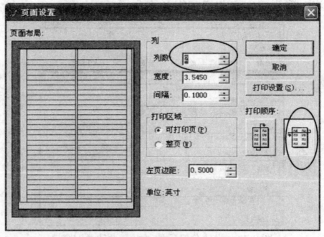

图 9.26　"页面设置"对话框

9.4　报 表 输 出

9.4.1　预览报表

通过预览报表，用户不必打印就能看到它的页面外观。例如，可以检查数据列的对齐和间隔，或者查看报表是否返回希望的数据。

预览报表有两种方法：菜单方式和命令方式。

1. 菜单方式

（1）从系统菜单中选择"显示"→"预览"命令。

（2）在"报表设计器"中右击鼠标，在弹出的快捷菜单中选择"预览"命令。

（3）直接单击"常用"工具栏中的"打印预览"按钮 ⬚。

2. 命令方式

在命令窗口中输入如下命令，可以预览报表。

【格式】REPORT FORM <报表文件名> PREVIEW

预览窗口有自己的工具栏，使用其中的按钮可以随意预览。可以单击"前一页"按钮 ◀ 或"下一页"按钮 ▶ 来切换页面，单击"缩放"按钮 100% ▾ 来更改报表的大小，单击"关闭预览"按钮 ⬚返回设计状态。如果报表已经符合要求，单击"打印报表"按钮 🖨，便可以在指定的打印机上打印报表。

9.4.2 打印报表

打印报表有两种方法：菜单方式和命令方式。

1. 菜单方式

选择"文件"→"打印"命令（或右击报表，在弹出的快捷菜单中选择"打印"命令，或选择"报表"→"运行报表"命令），在弹出的"打印"对话框中，确定打印范围、打印份数等。

2. 命令方式

（1）输出报表到打印机：

```
REPORT FORM <报表文件名> <TO PRINTER>
```

（2）输出到指定的文件：

```
REPORT FORM <报表文件名> <TO FILE 文件名>
```

9.5 本 章 小 结

报表可以利用数据表中的数据制作并生成打印文档。本章首先介绍了报表的数据源及常用布局；其次给出了创建简单报表的常用方法，即报表向导和快速报表；重点介绍了如何在"报表设计器"中修改并美化报表；最后介绍了分组报表和多栏报表的设计及报表输出。

9.6 习　题

一、选择题

1. 在"报表设计器"中，要添加标题或其他说明文字，应用使用的控件是_____。
    A. 标签   B. 预览   C. 数据源   D. 布局

2. 打印报表的命令是_____。
    A. REPORT FORM   B. PRINT REPORT
    C. DO REPORT   D. RUN REPORT

3. 建立报表，打开"报表设计器"的命令是_____。
    A. NEW REPORT   B. CREATE REPORT
    C. REPORT FROM   D. START REPORT

4. 在"报表设计器"中不包含在基本带区的有_____。
    A. 标题   B. 页标头   C. 页脚注   D. 细节

5. 报表文件的扩展名是_____。
    A. RPT   B. FRX   C. REP   D. PX

6. 报表控件没有_____。
    A. 标签   B. 线条   C. 矩形   D. 命令按钮控件

二、填空题

1. 多栏报表的栏目数可以通过_____对话框来设置。

2. 通常可以使用"报表向导"或"快速报表"生成一个简单报表，然后在_____中修改。

3. 在报表中建立的用来显示字段、内存变量或其他表达式内容的控件是_____。

4. 如果对报表进行了分组，报表会自动包含_____和_____带区。

三、思考题

1. 如何设置报表的数据源？

2. 创建报表有几种方法，如何创建？

3. 报表向导和报表设计器的区别是什么？

4. 报表设计器包括哪些部分？

5. 报表数据环境所起的作用是什么？

第 10 章　应用系统开发实例

前九章已经详细介绍了 Visual FoxPro 程序设计基础和各功能的使用，在此基础上，本章将以"选课系统"为例，介绍开发数据库应用系统的方法和步骤，介绍如何根据需求设计数据库、表单、报表、菜单、查询等组件，并利用项目管理器将它们组织在一起，最后连编生成一个可以执行的数据库应用程序。

10.1　系统开发的一般过程

利用 Visual FoxPro 开发数据库应用系统的一般过程可分为以下六步。

（1）系统设计目标：确定软件的使用场合和开发目标。

（2）需求分析：在确定软件开发目标的情况下，对软件需要处理的数据对象和要实现的功能进行分析。需求分析阶段是一个很重要的阶段，这一阶段做得好，将为整个软件开发项目的成功打下良好的基础。

（3）数据库设计：创建数据库，将系统需要处理的数据抽象成关系（表），建立各个表之间的关联。

（4）功能模块设计：确定各个模块的功能，确定各模块之间的调用关系，设计系统的结构框图。

（5）设计和实现各功能模块：设计各功能模块的界面，编写代码。

（6）连编和制作安装文件：对整个项目进行联合调试并编译，最后为应用程序制作安装文件。

10.2　项目管理器

项目管理器是利用 Visual FoxPro 6.0 开发应用程序必不可少的辅助设计工具。在使用 Visual FoxPro 管理数据库或开发一个数据库应用系统时，即使是一个规模不大的应用系统，其中也包含了各种类型的文件，而且每一种类型文件的数目也不止一个。Visual FoxPro 的项目管理器把每一种类型文件作为一类模块，如表模块、表单模块、报表模块，通过创建一个项目文件把应用系统的所有组成模块统一管理起来。因此，项目管理器是各种数据和对象的主要组织工具，一个项目是文件、数据、文档和对象的集合，用户可利用项目管理器简便地、可视化地创建、修改、调试和运行项目中各类文件，还能把应用项目集合成一个在 Visual FoxPro 6.0 环境下运行的应用程序 APP 文件，或者编译（连编）成脱离 Visual FoxPro 6.0 环境运行的可执行的 exe 文件。

10.2.1　项目的基本操作

1. 创建项目文件

1）创建方法

创建一个新的项目文件，通常使用以下两种方法。

（1）系统菜单法：可以通过"文件"菜单中的"新建"命令，创建项目文件。

（2）窗口命令法：CREATE PROJECT <项目文件名>。

使用以上方法，可以创建一个扩展名是.PJX 的项目文件和扩展名是.PJT 的项目备注文件。新创建的项目文件自动打开，如图 10-1 所示。关闭项目后再打开项目文件的操作，与打开其他类型文件的方法相同。

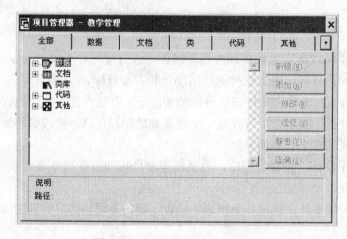

图 10-1　"项目管理器"对话框

2）"项目管理器"中的选项卡

项目管理器共有六个选项卡，选择不同选项卡，则在下面的工作区显示所管理的相应文件的类型。各选项卡的意义如下：

（1）全部：显示和管理应用项目中使用的所有类型的文件，"全部"选项卡包含了它右边的五个选项卡的全部内容。

（2）数据：管理应用项目中各种类型的数据文件，包括数据库、自由表、视图、查询文件等。

（3）文档：显示和管理应用项目中使用的文档类文件，文档类文件包括表单文件、报表文件、标签文件等。

（4）类：显示和管理应用项目中使用的类库文件，包括 Visual FoxPro 6.0 系统提供的类库和用户自己设计的类库。

（5）代码：管理项目中使用的各种程序代码文件，如程序文件（.prg）、API 库和用项目管理器生成的应用程序（.app）。

（6）其他：显示和管理应用项目中使用的除以上选项卡中管理的文件，如菜单文件、文本文件等。

2. 项目管理器的使用

在开发一个数据库应用系统时，可以有两种方法使用项目管理器：一种方法是先创建一个项目管理器文件，再使用项目管理器的界面来创建应用系统所需的各类文件；另一种方法是先独立地建立应用系统的各类文件，再把它们一一添加到一个新建的项目管理器中。学习项目管理器的使用，首先要了解项目管理器中各命令按钮的功能。

1）各命令按钮的功能

创建和打开一个项目文件后，在项目管理器右侧可以看到六个命令按钮，其功能如下：

（1）新建：在工作区窗口选中某文件类型后，单击"新建"按钮可为项目新建该类型文件。如图 10-2 所示，选中"数据库"后，单击"新建"按钮，则会弹出如图 10-3 所示的"新建数据库"对话框。

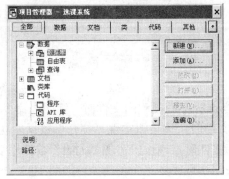

图 10-2　"项目管理器——新建"

图 10-3　"新建数据库"对话框

（2）添加：选中某文件类型后，单击"添加"按钮可为项目添加该类型文件。如图 10-4 所示，选中"数据库"后，单击"添加"按钮，则弹出如图 10-5 所示的"打开"对话框，在该对话框中选择已有数据库添加到当前项目中。

注　意

如果要添加的文件已经属于另一个项目，那么将不允许再添加到当前项目中。只有从另一个项目中将该文件移去后，才能将该文件添加到当前项目中。

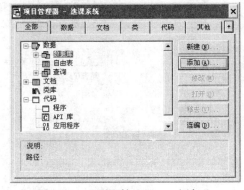

图 10-4　"项目管理器——添加"

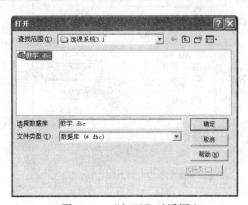

图 10-5　"打开"对话框

（3）修改：选中文件类型下的文件后，单击"修改"按钮编辑该文件。如图 10-6
所示，选中"数据库"下的"教学"文件后，单击"修改"命令按钮，将弹出数据库设
计器。

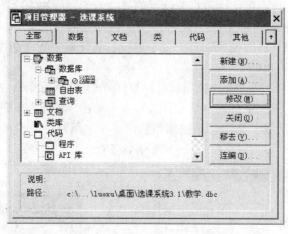

图 10-6　"项目管理器——修改"

（4）打开、关闭、浏览、运行、预览：当选择不同类型的文件时，第四个命令按钮
显示为不同的功能。当选择已关闭的数据库文件时，该按钮实现"打开"数据库功能，
如图 10-7（a）所示；当选择已打开的数据库文件时，该按钮实现"关闭"数据库功能，
如图 10-7（b）所示；当选择表文件时，该按钮实现"浏览"表功能，如图 10-7（c）所
示；当选择查询、表单、程序或菜单文件时，该按钮实现"运行"功能，如图 10-7（d）
所示；当选择报表或标签文件时，该按钮实现"预览"功能，如图 10-7（e）所示。

上述命令按钮并不是一成不变的。若在工作区打开一个数据库文件，"运行"按钮
会变成"关闭"；打开一个自由表文件，"运行"按钮会变成"浏览"；单击该按钮，系
统将提供浏览方式显示表的记录。此外，各个命令按钮有时是可用，有时是不可用的。
它们的可用和不可用状态是与文件在工作区中的选择状态相对应的。

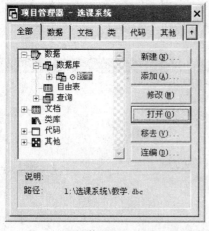

（a）"项目管理器——打开"　　　　　　　　　　（b）"项目管理器——关闭"

图 10-7　"项目管理器——打开、关闭、浏览、运行、预览"

（c）"项目管理器——浏览"

（e）"项目管理器——预览"

（d）"项目管理器——运行"

图 10-7　"项目管理器——打开、关闭、浏览、运行、预览"（续）

　　（5）移去：把选中的文件从该项目中移去或删除。如图 10-8 所示，选中"学生"表文件后，单击"移去"按钮，弹出如图 10-9 所示的对话框。在该对话框中，如果单击"移去"按钮，则将文件从项目中移去，移去后该文件不再属于当前项目，但是，移去的文件还作为独立文件存在；如果单击"删除"按钮，则彻底删除该文件。

　　（6）连编：连编成应用程序或可执行文件，其具体操作将在 10.2.2 节介绍。

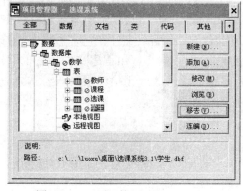

图 10-8　"项目管理器——移去"

图 10-9　移去或删除

2）使用"项目"菜单

启动项目管理器后，会在 Visual FoxPro 的菜单栏中自动添加"项目"菜单，如图 1-10 所示。可以用"项目"菜单下的命令对项目管理器中的文件进行"重命名"和"设置主文件"等操作，这些操作是项目管理器的命令按钮中没有提供的。

3）使用快捷菜单

在项目管理器的工作区选择了某类文件后，右击，可弹出一个快捷菜单，如图 10-10 所示。快捷菜单中的部分菜单项也包含在系统菜单"项目"中，如"包含"、"重命名"和"项目信息"等。

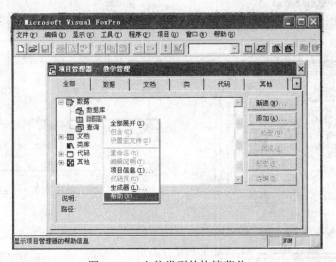

图 10-10 文件类型的快捷菜单

10.2.2 在项目中连编应用程序

当各个模块设计完成并测试无误后，需要在项目管理器中对所有模块进行联合调试并编译，即连编应用程序。

1. 将文件设置为"排除"或"包含"

项目管理器中符号⊘后的文件表示"排除"的文件，如图 10-11 所示，数据型文件（如表和数据库文件）默认为"排除"，其他类型文件默认为"包含"。所有"包含"的文件在编译时将组合成一个应用程序文件，参与组合的"包含"文件在组合后将不能修改，通常将所有不需要用户更新的文件设为"包含"，但不能将应用程序文件（.app）设为"包含"。添加到项目中的文件，例如表，需要录入、修改或删除记录，即经常会被用户编辑。在这种情况下，应该将这些文件设置为"排除"。

设置文件的"排除"和"包含"方法如下：

1）设置文件为"包含"

右击原为"排除"的文件，在弹出的快捷菜单中选择"包含"命令，如图 10-11 所示。

2）设置文件为"排除"

右击原为"包含"的文件，在弹出的快捷菜单中选择"排除"命令，如图 10-12 所示。

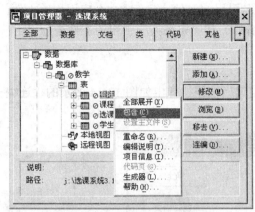
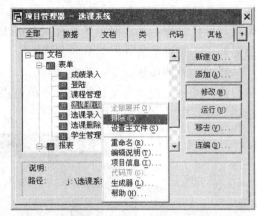

图 10-11   设置"包含"文件   图 10-12   设置"排除"文件

2. 设置主文件

在项目的多个模块中，必须选择一个模块作为主文件（也称主程序），主文件是整个应用程序的入口点，其任务包括初始化工作、控制事件循环和调用其他子模块等。

Visual FoxPro 中，可作为主文件的文件类型通常有程序、表单、菜单或查询，主文件的文件名在项目管理器中显示为黑体字。

设置主文件的方法如下：为了将项目管理器中某文件设置为主文件，首先需要将该文件设置为"包含"，然后右击该文件，在弹出的菜单中选择"设置主文件"命令，如图 10-13 所示。

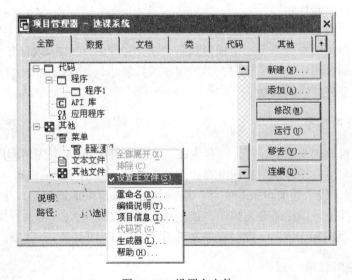

图 10-13   设置主文件

3. 连编项目

连编的目的是为了对项目的整体进行测试，检查各程序组件是否可用，并把项目中设置为"包含"的文件、用户代码中通过文件名引用的文件，组合成一个应用程序文件。但是，项目管理器不能对图像文件（.bmp 或.msk）和"宏替换"引用的文件进行引用，而需要手工将这些文件添加到项目中。

连编的具体步骤如下：

（1）选中设置为主文件的文件，单击"连编"按钮，弹出如图 10-14 所示的"连编选项"对话框。

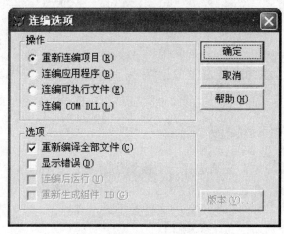

图 10-14   设置连编选项

（2）在"连编选项"对话框中，选择"重新连编项目"单选按钮。如果没有选择"重新编译全部文件"复选框，只会重新编译在上次连编之后修改过的文件。当向项目中添加组件后，应该重新连编项目。

（3）单击"确定"按钮完成连编。

连编操作也可以在命令窗口中通过执行"BUILD PROJECT <项目名>"命令实现。如果在项目连编过程中发生了错误，必须纠正或排除错误，并且反复进行"重新连编项目"操作，直至最终连编成功。

4．连编应用程序

当连编项目顺利通过后，可为项目生成可执行文件（.exe）或应用程序文件（.app）。操作方法为：在项目管理器中重新选择"连编"按钮，弹出"连编选项"对话框，选择"连编应用程序"或"连编可执行文件"后，单击"确定"单选按钮。生成可执行文件或应用程序文件也可以在命令窗口中，通过执行"BUILD EXE <可执行文件名> FROM <项目名>"或"BUILD APP <应用程序文件名> FROM <项目名>"完成。

5．打包应用程序

连编应用程序生成的可执行文件在没有安装 Visual FoxPro 系统平台的操作系统中是不能运行的。所以，为了能在无 Visual FoxPro 系统平台的环境下运行应用程序，像众多软件一样，需要打包应用程序，创建安装文件。用户可以通过运行安装文件将软件安装在计算机的磁盘中。

打包应用程序的步骤如下：

（1）在系统菜单中选择"工具"→"向导"→"安装"命令，进入安装向导"步骤1-文件定位"对话框，如图 10-15 所示。在"发布树目录"下拉列表框中选择工程文件夹，如"D:\选课系统"。

（2）单击"下一步"按钮，进入"步骤2-指定组件"对话框，如图 10-16 所示。选中"Visual FoxPro 运行时刻组件"和"Microsoft Graph 8.0 运行时刻"复选项。

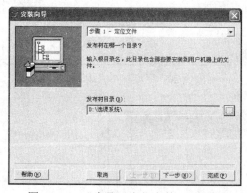

图 10-15　"步骤 1-定位文件"对话框

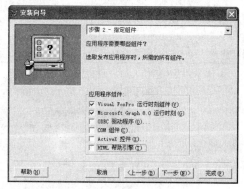

图 10-16　"步骤 2-指定组件"对话框

（3）单击"下一步"按钮，进入"步骤3-磁盘映象"对话框，如图 10-17 所示。在"磁盘映象目录"中输入"D:\选课系统\安装包"，选中"网络安装（非压缩）"复选项。

（4）单击"下一步"按钮，进入"步骤4-安装选项"对话框，如图 10-18 所示。在"安装对话框标题"和"版权信息"中分别输入"选课系统"和"1.0"。

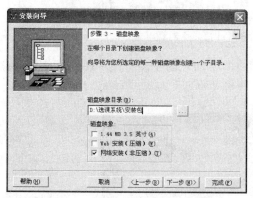

图 10-17　"步骤 3-磁盘映象"对话框

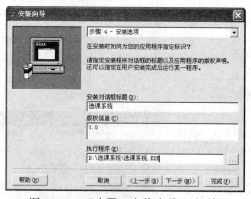

图 10-18　"步骤 4-安装选项"对话框

（5）单击"下一步"按钮，进入"步骤5-默认目标目录"对话框，如图 10-19 所示，在"默认目标目录"和"程序组"中分别输入"\选课系统\"和"Visual FoxPro 应用程序"。

（6）步骤 6 都采用默认选项，单击"下一步"按钮进入步骤 7。在步骤 7 中单击"完成"按钮，如图 10-20 所示。当安装向导运行完毕后，会弹出"安装向导磁盘统计信息"对话框，如图 10-21 所示，单击"完成"按钮结束安装向导。

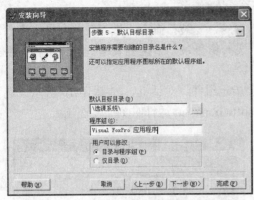

图 10-19　"步骤 5-默认目标目录"对话框　　　　　图 10-20　"步骤 7-完成"对话框

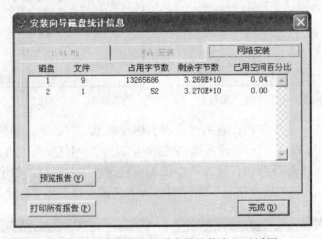

图 10-21　"安装向导磁盘统计信息"对话框

打开刚才指定的安装目录，可以看到如图 10-22 所示的安装文件，双击"setup.exe"文件可以运行安装文件。

图 10-22　打包生成的安装文件

10.3　使用应用程序生成器

Visual FoxPro 提供了快速开发应用程序的手段——应用程序生成器，应用程序生成器是一个强大的开发工具，利用它可以快速生成一个完整的应用程序框架，并可以方便地为项目创建新的或添加已有的数据库、表、表单、菜单和报表等文件。

10.3.1　应用程序向导

利用应用程序向导创建项目和应用程序框架的步骤如下。

（1）从"文件"菜单中选择"新建"命令，在弹出的"新建"对话框中，选择"项目"单选按钮，并单击"向导"按钮，弹出"应用程序向导"对话框，如图 10-23 所示。

（2）在"项目名称"输入框中设置新项目的文件名，在"项目文件"输入框中设置项目的路径（也可通过单击"浏览"按钮选择路径），如果所设路径下的文件夹不存在，则系统会自动创建。最后，选中"创建项目目录结构"复选框，如图 10-24 所示。

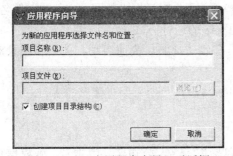
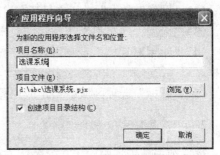

图 10-23　"应用程序向导"对话框　　　图 10-24　设置"应用程序向导"对话框

（3）单击"确定"按钮，系统将自动为应用程序生成一个目录和项目结构，即应用程序框架。应用程序框架由若干文件夹和文件组成，如图 10-25 所示。

图 10-25　应用程序框架

　　运行"应用程序向导"后生成的项目文件，将自动包含一些已生成文件和文件夹，这些文件和文件夹组成了应用程序框架。应用程序框架可以自动提供启动和清理程序、显示菜单和工具栏、确定应用程序数据输入方式、应用程序外观能等功能。这些功能大大提高了应用程序开发的速度和效率。

10.3.2　应用程序生成器

　　通过"应用程序向导"创建并打开一个新项目的同时，还打开了应用程序生成器。"应用程序生成器"窗口包括"常规"、"信息"、"数据"、"表单"、"报表"和"高级"六个选项卡。下面分别介绍各个选项卡的功能与使用方法。

　　1.　"常规"选项卡

　　该选项卡用于设置以下内容，如图 10-26 所示。
　　（1）"名称"文本框：指定应用程序的名称。该名称将显示在标题栏和"关于"对话框中。
　　（2）"图像"文本框：指定显示在启动画面和"关于"对话框中的图像文件的文件名。
　　（3）"应用程序类型"选项区域：指定应用程序的运行方式。
　　（4）"常用对话框"选项区域：指定是否具有启动画面、快速启动、关于和登录对话框。
　　（5）"图标"选项区域：指定应用程序的图标。

　　2.　"信息"选项卡

　　该选项卡用于指定应用程序的生产信息，包括作者名、公司名、版本号、版权信息和商标，如图 10-27 所示。

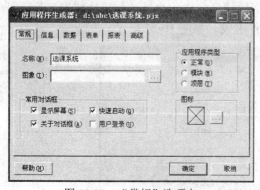

图 10-26　"常规"选项卡

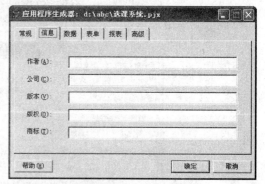

图 10-27　"信息"选项卡

　　3.　"数据"选项卡

　　该选项卡用于指定数据源、表单样式和报表样式，如图 10-28 所示。
　　（1）"数据库向导"按钮：创建数据库，数据库中的新表将显示在表格中。
　　（2）"表向导"按钮：创建表。
　　（3）"选择"按钮：为应用程序指定已有数据库或表。

（4）"清除"按钮：删除表格中的数据库或表。

（5）"生成"按钮：生成表单或报表。

（6）"表单样式"下拉列表框：选择表单的样式。

（7）"报表样式"下拉列表框：选择报表的样式。

4．"表单"选项卡

该选项卡用于指定菜单的类型、启动表单的菜单、工具栏和是否允许有多个表单实例，如图 10-29 所示。

（1）"名称"文本框：指定所选表单的名称。

（2）"添加"按钮：为应用程序添加已有表单。

（3）"编辑"按钮：修改所选表单。

（4）"删除"按钮：删除所选表单。

（5）"单个实例"复选框：决定应用程序是否只允许打开表单的一个实例。

（6）"使用定位工具栏"复选框：决定是否为所选表单附加定位工具栏。

（7）"使用定位菜单"复选框：决定是否为所选表单附加定位菜单。

（8）"在文件新建对话框中显示"复选框：决定表单名称是否显示在"新建"对话框中。

（9）"在文件打开对话框中显示"复选框：决定表单名称是否显示在"打开"对话框中。

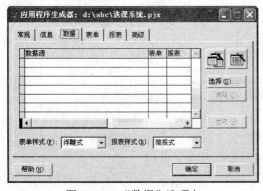

图 10-28　"数据"选项卡

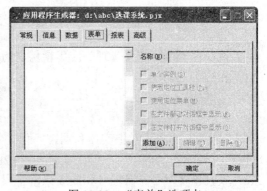

图 10-29　"表单"选项卡

5．"报表"选项卡

该选项卡用于指定应用程序中使用的报表名称，如图 10-30 所示。

（1）名称：指定所选报表的名称。

（2）"在打印报表对话框中显示"复选框：决定报表名称是否显示在"打印报表"对话框。

（3）"添加"按钮：为应用程序添加已有报表。

（4）"编辑"按钮：修改所选报表。

（5）"删除"按钮：删除所选报表。

6. "高级"选项卡

该选项卡用于指定帮助文件名、应用程序默认的数据目录，决定应用程序是否包含
"常用"工具栏和"收藏夹"菜单，如图 10-31 所示。

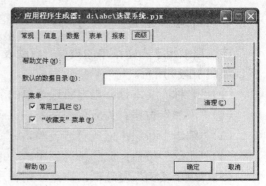

图 10-30   "报表"选项卡   图 10-31   "高级"选项卡

10.4   应用程序生成实例

10.4.1   系统设计

1. 系统设计目标

设计和开发"选课管理"应用软件，为学校的选课工作提供选课信息的录入、成绩
更新和查询等功能。

2. 需求分析

"选课"体现了学生实体和课程实体之间的关系，所以系统需要使用"学生"表和
"课程"表。为了表示哪些学生实体与哪些课程实体发生了选课关系，须建立"选课"
表，该表包含学号、课程号和成绩三个字段，其中一条记录表示一次选课。针对需要处
理的数据，选课系统应具备选课录入、删除、更新和查询等功能。

3. 数据库设计

按照下面步骤完成数据库设计。

（1）在 D 盘创建名为"选课系统"的文件夹作为默认文件夹，将路径"D:\选课系
统"设置为默认目录，系统所需文件都保存在该文件夹中。

（2）新建一个数据库，将第 3 章的自由表"学生.dbf"、"课程.dbf"和"选课.dbf"
该数据库中，保存数据库为"教学.DBC"。

4. 功能模块设计

（1）主模块：负责调用以下四个子模块。

（2）"添加选课"模块：根据"学生"表和"课程"表提供的学号，向"选课"表添加选课记录。

（3）"更新成绩"模块：对已经选课的记录进行成绩更新。

（4）"查询选课"模块：根据输入的"学号"和"课程号"查询相应的选课记录信息。

（5）"删除选课"模块：删除选课表中的选课记录。

10.4.2　设计和实现各功能模块

本例各模块的设计将在一个表单内实现，表单上先放置含有四页的页框作为主模块，在页框的四个页面内分别实现各个子模块的设计。

1．创建主模块

创建一个表单，将表单的标题（Caption 属性）设置为"选课管理"。在表单上添加一个页框控件 Pageframe1，调整页框的位置和大小，使其恰好铺满整个表单。

设置页框的页数（PageCount 属性）为 4，四个页面（Page1、Page2、Page3 和 Page4）的标题（Caption 属性）分别设置为"添加选课"、"更新成绩"、"查询选课"和"删除选课"。

> **注　意**
>
> 要先右击页框，选择"编辑"激活页框后，再选择第一页设置页的标题。

将表单保存为"选课管理.SCX"，属性设置效果如图 10-32 所示。

2．创建"添加选课"模块

1）界面设计

在上面创建的页框的第一页（Page1）中，添加两个标签控件（Label1 和 Label2）、两个列表框控件（List1 和 List2）以及一个命令按钮控件（Command1）。

因为下面将要利用列表框显示来自"学生"表和"课程"表的数据，所以需要先将"学生"表和"课程"表添加到表单的数据环境中。可以在系统菜单中选择"显示—数据环境"打开"数据环境"进行添加。

按照表 10-1 设置属性，属性设置效果如图 10-33 所示。

表 10-1　设置"添加选课"页内控件的属性

控件名称	属性名称	属性值
Label1	Caption	学号
Label2	Caption	课程号
List1	RowSourceType	6—字段
List1	RowSource	学生.学号
List2	RowSourceType	6—字段
List2	RowSource	课程.课程号
Command1	Caption	添加

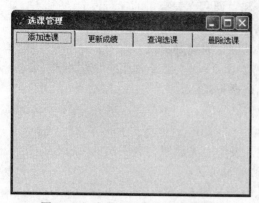
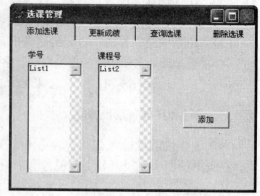

图 10-32　表单和页框标题设置效果　　　图 10-33　"添加选课"页内控件属性设置效果

2）程序设计

在"添加"命令按钮 Command1 的 Click 事件中加入代码：

```
xh=THISFORM.Pageframe1.Page1.List1.Value          &&xh 存储学号
kch=THISFORM.Pageframe1.Page1.List2.Value         &&kch 存储课程号
SELECT COUNT(*) FROM 选课 WHERE 学号=xh AND 课程号=kch INTO ARRAY cnt
IF cnt=0
    INSERT INTO 选课(学号,课程号) VALUES(xh,kch)
    MESSAGEBOX("选课记录成功! ")
ELSE
    MESSAGEBOX("选课记录已经存在，添加不成功! ")
ENDIFxh=THISFORM.List1.Value
```

【说明】THISFORM.Pageframe1.Page1.List1.Value 语句表示列表框 List1 的当前选项的值。注意语句中的对象必须按照由外向内的层次引用，第 1 层（最外层）为表单（THISFORM）、第 2 层为页框（Pageframe1）、第 3 层为页（Page1）、第 4 层为列表框（List1），不能省略中间任何层。

先用"SELECT COUNT(*)…"在选课表中查询所选学号和课程号对应记录，将记录数保存到变量 cnt 中，再判断 cnt 的值。如果 cnt 为 0，则表示选课表中无对应记录，可以插入该新记录，且提示"选课记录成功!"；否则，不插入记录，而提示"选课记录已经存在，添加不成功!"。

表单运行效果如图 10-34 所示。

3. 创建"更新成绩"模块

1）界面设计

在页框的第二页（Page2）中，添加三个标签控件（Label1、Label2 和 Label3）、两个组合框控件（List1 和 List2）、一个文本框控件（Text1）以及一个命令按钮控件（Command1）。

按照表 10-2 设置属性，属性设置效果如图 10-35 所示。

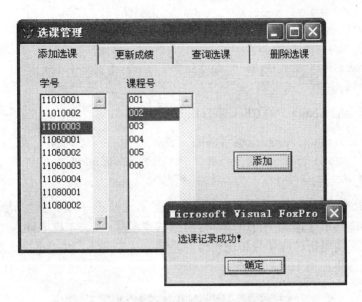

图 10-34　添加选课记录运行效果

表 10-2　设置"更新成绩"页内控件的属性

控件名称	属性名称	属性值
Label1	Caption	学号
Label2	Caption	课程号
Label3	Caption	成绩
Combo1	RowSourceType	3—SQL 语句
Combo1	RowSource	SELECT DISTINCT 学号 FROM 选课 INTO CURSOR tmp1
Command1	Caption	保存成绩

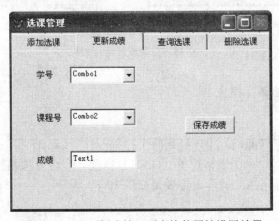

图 10-35　"更新成绩"页内控件属性设置效果

2）程序设计

（1）在"保存成绩"按钮 Command1 的 Click 事件中加入代码：

```
xh=THISFORM.Pageframe1.Page2.Combo1.Value
```

```
kch=THISFORM.Pageframe1.Page2.Combo2.Value
cj=VAL(THISFORM.Pageframe1.Page2.Text1.Combo2.Value)
&&cj 为输入的成绩
UPDATE 选课 SET 成绩=cj WHERE 学号=xh AND 课程号=kch
MESSAGEBOX("成功保存成绩！")
```

（2）在组合框 Combo1 的 Click 事件中加入代码：

```
xh=THISFORM.Pageframe1.Page2.Combo1.Value
THISFORM.Pageframe1.Page2.Combo2.RowSource="SELECT 课程号 FROM;
选课 WHERE 学号=xh INTO CURSOR tp1"
```

【说明】表单运行后，组合框 Combo1 自动显示选课表中的学号，当选择某学号后，组合框 Combo2 列出选课表中与所选学号对应的课程号，在文本框中输入成绩，单击"保存成绩"按钮，则更新对应学号和课程号的选课记录的成绩，并提示"成功保存成绩"。表单运行效果如图 10-36 所示。

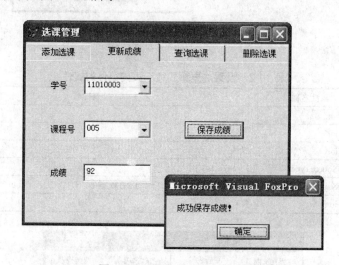

图 10-36　更新成绩运行效果

4. 创建"查询选课"模块

1）界面设计

在页框的第三页（Page3）中，添加两个标签控件（Label1 和 Label2）、两个文本框控件（Text1 和 Text2）、一个表格控件（Grid1）以及一个命令按钮控件（Command1）。按照表 10-3 设置属性，属性设置效果如图 10-37 所示。

表 10-3　设置"查询选课"页内控件的属性

控件名称	属性名称	属性值
Label1	Caption	学号
Label2	Caption	课程号
Grid1	RecordSourceType	4—SQL 说明
Command1	Caption	查询

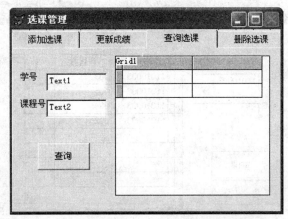

图 10-37　"查询选课"页内控件属性设置效果

2）程序设计

在"查询"命令按钮 Command1 的 Click 事件中加入代码：

```
xh=THISFORM.Pageframe1.Page3.Text1.Value
kch=THISFORM.Pageframe1.Page3.Text2.Value
DO CASE
  CASE NOT EMPTY(xh) AND EMPTY(kch)        &&如果学号不为空,课程号为空
    THISFORM.Pageframe1.Page3.Grid1.RecordSource=;
      "SELECT * FROM 选课 WHERE 学号=xh INTO CURSOR tmp"
  CASE EMPTY(xh) AND NOT EMPTY(kch)        &&如果学号为空,课程号不为空
    THISFORM.Pageframe1.Page3.Grid1.RecordSource=;
      "SELECT * FROM 选课 WHERE 课程号=kch INTO CURSOR tmp"
  CASE NOT EMPTY(xh) AND NOT EMPTY(kch)    &&如果学号、课程号都不为空
    THISFORM.Pageframe1.Page3.Grid1.RecordSource=;
      "SELECT * FROM 选课 WHERE 学号=xh AND 课程号=kch INTO CURSOR tmp"
ENDCASE
```

【说明】表单运行后，在文本框 Text1 和 Text2 中分别输入学号和课程号信息。此时有三种情况：

① 如果只输入学号，则按学号查询。

② 如果只输入课程号，则按课程号查询。

③ 如果同时输入学号和课程号，则按学号和课程号查询。

表单运行效果如图 10-38 所示。

5．创建"删除选课"模块

1）界面设计

在页框的第四页（Page4）中，添加一个表格控件（Grid1）。在数据环境中添加"选课"表，表格 Grid1 的 RecordSourceType 属性设置为"1—别名"，RecordSource 属性设置为"选课"。添加一个命令按钮（Command1），设置其标题为"彻底删除记录"。

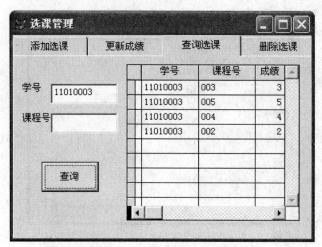

图 10-38　查询选课运行效果

属性设置效果如图 10-39 所示。

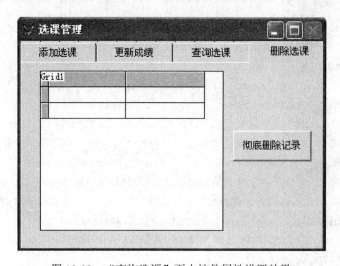

图 10-39　"查询选课"页内控件属性设置效果

2）程序设计

在"彻底删除记录"按钮 Command1 的 Click 事件中加入代码：

```
SELECT 选课              &&选择选课表的工作区
USE                     &&关闭选课表
USE 选课
PACK
USE
THISFORM.Pageframe1.Page4.Grid1.RECORDSOURCETYPE=0    &&刷新表格数据
THISFORM.Pageframe1.Page4.Grid1.RECORDSOURCE="选课"
```

【说明】表单运行后，单击表格中记录前面的标记，使其变为黑色，可以逻辑删除对应选课记录，再单击"彻底删除记录"按钮将彻底删除已标记为黑色的记录。

表单运行效果如图 10-40 和图 10-41 所示。

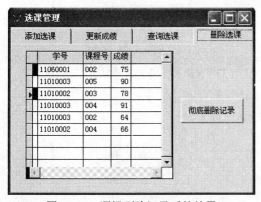

图 10-40　逻辑删除记录后的结果

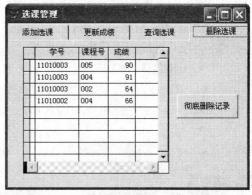

图 10-41　彻底删除记录后的结果

10.5　本 章 小 结

本章介绍了用于开发 Visual FoxPro 应用程序的项目管理器、应用程序生成器等工具的使用方法。以"选课系统"为例，介绍了开发 Visual FoxPro 综合应用程序的方法和步骤。经过综合应用的开发过程，进一步熟悉了数据库、SQL、表单、查询等基础知识。

10.6　习　　题

一、选择题

1. 在 Visual FoxPro 的"项目管理器"中不包括_____选项卡。

　　A．数据　　　　B．文档　　　　　C．类　　　　　　D．表单

2. 向项目中添加表单，应该使用"项目管理器"的_____选项卡。

　　A．代码　　　　B．类　　　　　　C．数据　　　　　D．文档

3. 扩展名为 pjx 的文件是_____。

　　A．数据库表文件　　　　　　　　B．表单文件

　　C．数据库文件　　　　　　　　　D．项目文件

4. 在"项目管理器"下为项目建立一个新报表，应该使用_____选项卡。

　　A．数据　　　　B．文档　　　　　C．类　　　　　　D．代码

5. 能够将某文件编译组合进应用程序可执行文件中的正确做法是_____。

　　A．在"项目管理器"中将该文件设置为"排除"

　　B．在"项目管理器"中将该文件设置为"包含"

　　C．将该文件从"项目管理器"中删除

　　D．将该文件从"项目管理器"中移出

6. 根据"职工"项目文件生成 emp_sys.exe 应用程序的命令是_____。

　　A．BUILD EXE emp_sys FROM 职工

　　B． DUILD APP emp_sys.exe FROM　职工
　　C． LINK EXE emp_sys FROM　职工
　　D． LINK APP emp_sys FROM　职工
7．为项目连编应用程序的命令是_____。
　　A． BUILD PROJECT <项目名>　B． BUILD EXE <项目名>
　　C． BUILD APP <项目名>　　　　D． LINK EXE <项目名>
8．以下_____是应用程序的入口，即最先运行的文件。
　　A． 索引文件　　　　　　　　　　B． 表单文件
　　C． 程序文件　　　　　　　　　　D． 设置为"主文件"的文件

二、填空题

1．可以在"项目管理器"的_____选项卡中建立命令文件。

2．在 Visual FoxPro 中，项目文件的扩展名是_____。

3．在 Visual FoxPro 中，BUILD_____命令连编生成的程序可以脱离 Visual FoxPro 在 Windows 环境下运行。

4．连编应用程序时，如果选择连编生成可执行文件，则生成的文件扩展名是_____。

三、思考题

1．开发数据库应用软件的一般步骤是什么？

2．用 Visual FoxPro 开发数据库应用软件，为什么使用项目管理器？

3．主文件的作用是什么？

4．连编项目的目的是什么？

5．连编项目所生成的可执行文件能脱离 Visual FoxPro 系统环境吗？为什么？

附录　2011 年全国计算机等级考试二级

Visual FoxPro 数据库程序设计考试大纲

一、基本要求

（1）具有数据库系统的基础知识。
（2）基本了解面向对象的概念。
（3）掌握关系数据库的基本原理。
（4）掌握数据库程序设计方法。
（5）能够使用 Visual FoxPro 建立一个小型数据库应用系统。

二、考试内容

1. Visual FoxPro 基础知识

1）基本概念
数据库、数据模型、数据库管理系统、类和对象、事件、方法。
2）关系数据库
（1）关系数据库：关系模型、关系模式、关系、元组、属性、域、主关键字和外部关键字。
（2）关系运算：选择、投影、联接。
（3）数据的一致性和完整性：实体完整性、域完整性、参照完整性。
3）Visual FoxPro 系统特点与工作方式
（1）Windows 版本数据库的特点。
（2）数据类型和主要文件类型。
（3）各种设计器和向导。
（4）工作方式：交互方式（命令方式、可视化操作）和程序运行方式。
4）Visual FoxPro 的基本数据元素
（1）常量、变量、表达式。
（2）常用函数：字符处理函数、数值计算函数、日期时间函数、数据类型转换函数、测试函数。

2. Visual FoxPro 数据库的基本操作

1）数据库和表的建立、修改与有效性检验
（1）表结构的建立与修改。

（2）表记录的浏览、增加、删除与修改。

（3）创建数据库，向数据库添加或移出表。

（4）设定字段级规则和记录规则。

（5）表的索引：主索引、候选索引、普通索引、唯一索引。

2）多表操作

（1）选择工作区。

（2）建立表之间的关联，一对一的关联、一对多的关联。

（3）设置参照完整性。

（4）建立表间临时关联。

3）建立视图与数据查询

（1）查询文件的建立、执行与修改。

（2）视图文件的建立、查看与修改。

（3）建立多表查询。

（4）建立多表视图。

3. 关系数据库标准语言 SQL

1）SQL 的数据定义功能

（1）CREATE TABLE–SQL。

（2）ALTER TABLE–SQL。

2）SQL 的数据修改功能

（1）DELETE–SQL。

（2）INSERT–SQL。

（3）UPDATE–SQL。

3）SQL 的数据查询功能

（1）简单查询。

（2）嵌套查询。

（3）联接查询：内联接，外联接（左联接、右联接、完全联接）。

（4）分组与计算查询。

（5）集合的并运算。

4. 项目管理器、设计器和向导的使用

（1）使用项目管理器：使用"数据"选项卡；使用"文档"选项卡。

（2）使用表单设计器：在表单中加入和修改控件对象；设定数据环境。

（3）使用菜单设计器：建立主选项；设计子菜单；设定菜单选项程序代码。

（4）使用报表设计器：生成快速报表；修改报表布局；设计分组报表；设计多栏报表。

（5）使用应用程序向导。

（6）应用程序生成器与连编应用程序。

5. Visual FoxPro 程序设计

（1）命令文件的建立与运行：程序文件的建立；简单的交互式输入、输出命令；应用程序的调试与执行。

（2）结构化程序设计：顺序结构程序设计；选择结构程序设计；循环结构程序设计。

（3）过程与过程调用：子程序设计与调用；过程与过程文件；局部变量和全局变量、过程调用中的参数传递。

（4）用户定义对话框（MESSAGEBOX）的使用。

三、考试方式

（1）笔试：90 分钟，满分 100 分，其中含公共基础知识部分的 30 分。

（2）上机操作：90 分钟，满分 100 分。

- 基本操作（30 分）。
- 简单应用（30 分）。
- 综合应用（40 分）。

参 考 文 献

安晓飞，等. 2010. Visual FoxPro 数据库设计与应用[M]. 北京：机械工业出版社.

戴仕明. 2008. Visual FoxPro 程序设计（等级考试版）[M]. 北京：清华大学出版社.

教育部考试中心. 2008. 全国计算机等级考试二级教程——Visual FoxPro 数据库程序设计[M]. 北京：高等教育出版社.

匡松，等. 2010. Visual FoxPro 大学应用教程[M]. 成都：西南财经大学出版社.

匡松，王锦，等. 2008. Visual FoxPro 程序设计基础教程[M]. 北京：高等教育出版社.

李雁翎. 2008. Visual FoxPro 应用基础与面向对象程序设计教程[M]. 北京：高等教育出版社.

彭小宁，林华，等. 2007. Visual FoxPro 程序设计[M]. 北京：中国铁道出版社.

秦维佳，孟艳红. 2006. Visual FoxPro 程序设计[M]. 北京：中国铁道出版社.

全国计算机等级考试编写组，未来教育教学与研究中心. 2006. 全国计算机等级考试教程二级 Visual FoxPro[M]. 北京：人民邮电出版社.

王晓华，梁峰. 2007. 名师讲堂——二级 Visual FoxPro[M]. 北京：人民邮电出版社.